核电厂安全心理学基础

主　编　李苏甲
副主编　程建秀　马丽华

中国原子能出版社

图书在版编目(CIP)数据

核电厂安全心理学基础 / 李苏甲主编. —北京：中国原子能出版社，2011.9（2024.3 重印）

ISBN 978-7-5022-5343-1

Ⅰ.①核… Ⅱ.①李… Ⅲ.①核电厂－安全心理学－技术培训－教材 Ⅳ.①TM623.8-05

中国版本图书馆 CIP 数据核字(2011)第 196470 号

内容简介

本教材是由中国核工业集团公司核电培训教材编审委员会组织编写的系列教材中的一种。本教材共分十三章，主要内容有：绪论，生产作业中的主要生理心理活动，心理过程与安全生产，个性心理与安全生产，关键岗位职业适应性研究，易导致人为失误的生理心理因素，操作行为与安全生产，工作环境与安全生产，激励与安全生产，自我心理保健，心理咨询与心理素质的维护，心理救援，安全心理学实验简介。

本教材可作为核电厂建造、调试和营运期间的核电厂员工及承包商人员安全心理学培训的教材和参考用书。

核电厂安全心理学基础

出版发行	中国原子能出版社（北京市海淀区阜成路 43 号 100048）
责任编辑	王艳丽
技术编辑	丁怀兰 王亚翠
责任印制	赵 明
印　　刷	北京天恒嘉业印刷有限公司
经　　销	全国新华书店
开　　本	787 mm×1092 mm 1/16
印　　张	7.625 **字 数** 189 千字
版　　次	2012 年 3 月第 1 版 2024 年 3 月第 2 次印刷
书　　号	ISBN 978-7-5022-5343-1 **定 价** **40.00 元**

网址：http://www.aep.com.cn **E-mail：atomep123@126.com**

发行电话：010-68452845

中国核工业集团公司
核电培训教材编审委员会

《核电厂安全心理学基础》
编 辑 部

主　　编 李苏甲

副 主 编 程建秀　马丽华

编　　者 马丽华　周红英　吴有运

统　　审 （按姓氏拼音顺序排列）
程开喜　高　芳　俞源高　袁智超　周发如

总 序

核工业作为国家高科技战略性产业，是国家安全的重要基石、重要的清洁能源供应，以及综合国力和大国地位的重要标志。

1978年以来，我国核工业第二次创业。中国核工业集团公司走出了一条以我为主发展民族核电的成功道路。在长期的核电设计、建造、运行和管理过程中，积累了丰富的实践和理论经验，在与国际同行合作过程中，实现了技术和管理与国际先进水平相接轨，取得了骄人的业绩。

中国核工业集团公司在三十多年的核电建设中，经历了起步、小批量建设、快速发展三个阶段。我国先后建成了秦山、大亚湾、田湾三大核电基地，实现了我国大陆核电“零”的突破、国产化的重大跨越、核电管理与国际接轨，走出了一条以我为主，发展民族核电的成功之路。在最近几年中，发展尤为迅猛。截至2008年底，核电运行机组11台，装机容量907.82万千瓦，全部稳定运行，态势良好。

进入新世纪，党中央、国务院和中央军委对核工业发展高度重视、极为关怀，对核工业做出了新的战略决策。胡锦涛总书记指出：“无论从促进经济社会发展看，还是从保障国家安全看，我们都必须切实把我国核事业发展好”。发展核电是优化能源结构、保障能源安全、满足经济社会发展需求的重要途径。2007年10月，国务院正式颁布了《核电中长期发展规划(2005—2020年)》。核电进入了快速、规模化、跨越式发展的新阶段。

在中国核电大发展之际，中国核工业集团公司继续以“核安全是核工业的生命线”的核安全文化理念和“透明、坦诚和开放”的企业管理心态，以推动核电又好又快又安全发展为己任，为加速培养核电发展所需的各类人才，组织核电领域专家，全面系统地对核电设计、工程建造、电站调试、生产准备和生产运营等各阶段的知识进行了梳理，构造了有逻辑性、系统性的核电知识体系，形成了覆盖核电各阶段的核电工程培训系列教材。

这套教材作为培养核电人才的重要工具，是国内目前第一套专业化、体系化、公开出版的核电人才培养系列教材，有助于开展培训工作，提高培训质量、节约培训成本，夯实核电发展基础。它集中了全集团的优势，突出高起点、实用性强，是集团化、专业化运作的又一次实践，是中国核工业50余年知识管理的积淀，是中国核工业10万人多年总结和实践经验的结晶。

21世纪是“以人为本”的知识经济时代，拥有足够的优秀人才是企业持续发展的重要基础。中国核工业集团公司愿以这套教材为核电发展开路，为业界理论探讨、实践交流提供参考。

我们要继续以科学发展观为指导，认真贯彻落实党中央、国务院的指示精神，积极推进核电产业发展。特别是要把总结核电建设经验作为一项长期的工作来抓，不断更新和完善人才教育培训体系。

核电培训系列教材可广泛用于核电厂人员培训，也可用于核电管理者的学习工具书，对于有针对性地解决核电厂生产实践和管理问题具有重要的参考价值。

中国核工业集团公司总经理 孙勤

2009年9月9日

前　言

心理学是一门既古老又年轻的科学。说它古老，是因为人类探索自己的心理现象已有两千年的历史：从公元前4世纪古希腊亚里斯多德的《论灵魂》开始，心理学一直包括在哲学之中；说它年轻，是因为心理学在19世纪中叶才开始从哲学中分离出来，成为一门独立的科学，至今仅有一百多年。心理学与人类生活关系密切，它对人类生活起着越来越大的作用，其应用范围也在不断地扩大。心理学家能参与解决教育、医疗、工业、商业、军事及各种社会问题。现代工业生产过程中，心理学同样有用武之地。正如马克思所说："工业的全部历史是一本打开了的关于人的本质力量的书，是感性地摆在我们面前的一本心理学。"无疑，伴随着工业生产出现的人为事故也是与心理学息息相关的。工业生产事故的三大致因（人、物、管理）中，人的因素是决定性的因素。物的因素和管理因素也是与人的因素分不开的。据统计，工业生产事故中，70%～80%是人的不安全行为造成的，而95%以上的不安全行为都与人的种种不良心理状态密切相关。

核电厂作为大规模现代化人-机系统，随着科技进步，系统设备可靠性不断提高，运行环境得到较大改善。但核电厂始终是以人为中心来建设的，人是系统最终的决策者，同时又由于人的弱点是固有的，虽然可以通过教育、培训、改善人-机界面以及组织管理等得到一定程度的弥补，但无法从根本上消除，因而，人在系统中的作用不是削弱，而是更加重要和突出了。由人的因素诱发的事故已成为系统最主要的事故源之一。根据美国、日本、法国、德国、瑞典、瑞士联合进行的核电厂事故调查资料，人因相关事件，六国的平均值超过60%，最高的竟达85%。核动力运行研究所在对2003年至2007年国内核电厂的运行事件和内部事件按照根本原因（人员行为、管理、设备、外来因素）进行统计时发现，52.53%的事件与人员行为相关。因此，预防和减少人因事件已是确保核电厂安全运行亟需解决的重要问题。

美国著名安全工程师海因里希在对美国75000起工业事故的调查中发现，占总数98%的事故是可以预防的，在可预防的工业事故中，以人的不安全行为为主要原因的事故占88%。因此，需要从人的因素出发制定出预防和减少核电厂人因事件的有效策略和手段，心理学的研究和应用是一个非常有效的切入点。

人是核电厂安全管理的主体。人有思想、有情感、有各种复杂精神需求，具有不同性格与气质特征，而且人的思想和心理活动又是非常复杂的，会对各种刺激做出反应，而这种反应必然对他从事的工作产生影响。当人的内在心理因素与外部环境相“匹配”时，表现为“正确”的行为；当人的内在心理因素的某些要素与外部环境的某些要素发生冲突时，其行为表现为“失误”。在核电厂安全生产中，这种“失误”就表现为人的不安全行为，即不符合安全规程，有可能导致人身伤亡事故和财产损失的行为。安全心理学研究表明，人的心理问题已经成为影响安全生产的重要因素。健康的、良好的心理，对安全生产有积极的作用；而不良心理会对安全生产造成一定的负面影响，甚至会引发事故。

核电厂在开展培训活动时，往往比较强调提高员工的思想素质、技术素质和身体素质，而忽视了员工的心理素质，尤其是安全心理素质。虽然，思想素质、技术素质和身体素质不可缺少，但它们都会受到心理素质的影响。核电厂安全心理学培训在核电行业尚未开展或重视度不够，而这一领域的培训在电力行业乃至工矿企业都非常受重视。开展核电厂安全心理学培训具有非常重要的现实意义：(1) 让员工了解心理过程、个性心理、工作环境等与核电厂安全生产的关系，熟悉易导致核电厂人为失误的生理心理因素，培养员工良好的安全心理素质；(2) 帮助员工了解心理品质存在个体差异，使员工初步建立个人的心理品质与岗位相适配的职业意识；(3) 使员工了解核电厂人因工具的心理机制，有效提高核电厂员工特别是管理层对人因管理工作的重视程度，进而推动相关工作的深入、有效开展。

本教材由中国核工业集团公司核电培训教材编审委员会组织编写。核动力运行研究所李苏甲副所长主持编辑，核动力运行研究马丽华、周红英和吴有运负责初稿的编写，秦山核电有限公司的袁智超、高芳，核电秦山联营有限公司的俞源高，秦山第三核电有限公司的莫银良、周发如，江苏核电有限公司的程开喜，核动力运行研究所的程建秀、马丽华等专家对初稿进行了认真的审阅和修改，原子能出版社的有关同志对本教材也作了仔细的审读。秦山核电有限公司、核电秦山联营有限公司、秦山第三核电有限公司、江苏核电有限公司、核动力运行研究所等单位给予了大力支持，在此向他们致以衷心感谢！

《核电厂安全心理学基础》教材适用于核电厂建造、调试和营运期间的核电厂员工及承包商人员的安全心理学培训和学习。

由于著者水平有限，加之时间仓促，不妥之处在所难免，希望得到读者的批评指正。

编　者

2011 年 7 月

目　　录

第一章　绪　论

第二章　核电厂员工在生产作业中的主要生理心理活动

第三章　核电厂作业人员的心理过程与安全生产的关系

第四章　核电厂作业人员的个性心理与安全生产的关系

第五章　核电厂关键岗位职业适应性研究

第六章 易导致核电厂人为失误的生理心理因素及对策分析

第七章 核电厂作业人员的操作行为与安全生产的关系

第八章 核电厂作业人员的工作环境与安全生产的关系

第九章　激励与安全生产的关系

第十章　核电厂员工的自我心理保健

第十一章　心理咨询与核电厂员工心理素质的维护

第十二章　核电厂重大事故的心理救援

第十三章 核电厂安全心理学实验简介

第一章　绪　论

1.1　人的因素是核电厂最主要的事故源

心理学与人类生活关系密切，它对人类生活起着越来越大的作用，其应用范围也在不断地扩大。现代工业生产过程中，同样存在心理学的广阔天地，伴随着工业生产出现的人为事故也是与心理学息息相关的。工业生产事故的三大致因（人、物、管理）中，人的因素是决定性的因素。物的因素和管理因素也是与人的因素分不开的。据统计，工业生产事故中，70%～80%是人的不安全行为造成的，而95%以上的不安全行为都与人的种种不良心理状态密切相关。美国著名安全工程师海因里希在对美国75000起工业事故的调查中表明，占总数98%的事故是可以预防的，在可预防的工业事故中，以人的不安全行为为主要原因的事故占88%。因此，如何借助于心理学的理论来指导安全管理工作，及时调整核电厂员工的心理状态，通过员工“心理安全”的实现，掌握安全工作的主动权，是当前核电厂安全管理工作亟需关注和解决的课题。

1.2　相关法律法规

国务院于1986年10月29日发布了《中华人民共和国民用核设施安全监督管理条例(HAF001)》。该条例共有六章二十六条。在第三章“安全许可证制度”第十四条中，对批准发给操纵员执照和高级操纵员执照的人员所应具备的条件进行了规定。身体健康，无职业禁忌症是两类执照人员所要具备的首要条件。该条例的发布施行说明了在核电建设的初期，政府已初步认识到核电厂操纵员和高级操纵员作为直接关系核电厂安全运行的关键岗位人员，他们身心健康的重要性。

国家核安全局根据国务院发布的《中华人民共和国民用核设施安全监督管理条例(HAF001)》(以下简称《条例》)，于1993年12月31日颁发了《核电厂安全许可证件的申请和颁发》作为《条例》的实施细则之一。该实施细则共七章三十四条。在第六章第三十条中，对《条例》第十四条规定的职业禁忌症进行了说明，具体包括：癫痫、精神病、糖尿病、高血压、心脏疾病、阵发性昏厥、美尼尔式综合征、听觉或视觉缺陷、色盲、神经官能症，以及可能引起判断力减弱或运动肌共济失调的任何其他身体或精神状况。国家核安全局制定的实施细则使核电厂操纵员和高级操纵员执照审批工作的依据更加详实。

《核电厂操纵员的健康标准和医学监督规定(GBZ/T164—2004)》是在总结《核电厂辐射工作人员健康要求和医学监督规定(EJ300—87)》执行实践的基础上，参考美国更新的国家标准《需要核电厂操作许可证人员的医学证明与监督(ANSI/ANS3.4—1996)》编制的。此标准由中华人民共和国卫生部发布实施。该标准的前言明确表述：核电厂运营者及其有关主管部门对核电厂的安全运行负责。其首要职责是指定授权的医疗机构选择能胜任核反应堆操作且身心健康的人员担任核反应堆操纵员或高级操纵员，使其健康状况能够保证自身不产生操作失误。在该标准的“5.核电厂操纵人员健康的基本要求”中规定了满足神经科、心理学及体质等检查的一系列要求。针对心理学检查还给出了“附录A 心理测试量表推荐”作为心理学测试的工具。国内核电事业的发展对核电安全运行提出了更严格的要求，心理学检查的要求便被提到了议事日程。

在国家核安全局1996年修订的《核电厂人员的配备、招聘、培训和授权(HAD103/05)》中，首次涉及心理测试。在该导则的“3.5 体格检查”中规定，人员招聘时需进行体格检查：除了国家法规规定的条款及工业医学有关实践外，所有承担安全有关职责的运行人员必须在招聘时及其后适当时候进行体格检查，以保证他们的健康水平与分配给他们的职责相适应。若必要，可以推荐进行智能测验，还可以进行心理测试。对于可能在核电厂受到职业照射的厂区人员，必须进行首次和定期的体格检查。该导则的制定和实施，说明了政府已关注到核电厂关键岗位人员的心理素质将影响核电厂运行安全。

由国家核安全局批准发布，2004年4月18日开始实施的《核动力厂设计安全规定(HAF102)》中，规定了优化运行人员操作的设计要求。在该规定“5.7 优化运行人员操作的设计”中明确了相关设计要求。包括：人机界面设计的友好；按照人机工程学原则设计工作场所；在设计过程初期系统考虑人为因素和人机接口，并贯穿设计全过程等。在该规定中，人的因素被反复强调。管理层已认识到核电厂始终是以人为中心来建设的，人是系统最终的决策者，关注核电厂的安全运行就必须从设计初期就重视人的因素，并贯穿于设计全过程。

1.3 心理学在核电领域的研究与应用

1.3.1 核电厂操纵人员心理特质分析

心理学中的元分析表明：某些特定的心理特质，如情绪稳定性、责任心等，是理想的行为预测指标。针对危险职业从业人员，如航班调度员、飞行员、警察等的心理特质和行为关系的研究表明：绩效水平与责任感、情绪稳定性等特定心理特质密切相关。核电厂操纵人员也属于危险职业从业人员，为此，美国、日本、德国和我国台湾省均在进行核电厂操纵人员所应具备的心理特质的研究，研究重点放在人员行为绩效和所需心理特质的相关性研究方面。这些研究结果表明：一位合格的操纵人员应具有心理警觉、情绪稳定、感觉敏锐、能够正确地沟通信息等心理特质。苏联的Prognoz心理研究所曾用心理测试MMPI量表、16PF量表进行相关研究，得到职业心理相关参数和成功绩效指标间存在的独特关系。通过对大量成功被试的均匀样本进行心理测试，得到成功操纵人员的典型心理特质参数，形成“标准模型”，从而为操纵人员的选拔提供了依据。

何旭洪等以21名中国核电厂操纵人员为样本，进行了核电厂操纵人员心理特质分析及评价研究。该研究是在分析核电厂操纵人员工作和任务特点的基础上，选择适合核电厂操纵人员的心理特质评价工具和行为绩效评价的维度，分析操纵人员行为绩效和特定的心理特质维度间的相关性，及高行为和低行为绩效操纵人员在心理特质各个维度上的差异，从而为利用操纵人员的心理定量数据预测操纵人员的行为提供了研究基础。

1.3.2 核电厂操纵人员职业适应性研究

职业适应性是指人所应有的为胜任某项职业(或职务)所必要的知识文化基础和生理心理特性。职业适应性不一定是优秀性,而是一个人是否和其职业相适应的问题。国外的职业适应性研究集中在一些对从业人员有较高要求或特殊要求的特殊岗位,所解决的问题是职业对从业人员有哪些特殊的能力要求,并进行科学的测试评价。如对于汽车驾驶员,美国在1934年组织有关专家进行过长达10年的研究,确定了20个职业模式和10种能力倾向,并制定了一套一般能力倾向成套测验,1947年起被美国劳工局人力资源部正式采用。

在我国,职业适应性研究越来越得到重视。其中,对飞行员的选拔和培训是职业适应性研究工作的开端。我国飞行员心理选拔研究始于20世纪50年代。1987年之后,心理测评指标正式成为录取条件,并在20世纪90年代后期组织多个科研单位、上百位专家于1999年完成了空军招飞心理选拔测评系统,经过对学员的跟踪监测,其符合率达到88%。我国对汽车驾驶员心理测评方法的研究始于20世纪80年代,鞍山市心理测量科学研究所等率先开展汽车司机心理素质综合实验研究。1985年,吉林工业大学开展了机动车驾驶员安全素质检测系统的研究。1988年起,由中国科学院心理研究所等多个单位联合开展"汽车驾驶员职业适应性研究",确定了对汽车驾驶员进行职业适应性测评的方法,并转化为国家军用标准,于1996年1月1日起实施。对核电厂操纵人员职业适应性的研究目前尚处于起步阶段。各核电国家都规定了操纵人员的执照申请标准,但考核的内容主要侧重人的身体条件和操作技能,缺乏对人的生理、心理素质的测评。

何旭洪等对核电厂操纵人员心理选拔系统进行了探索性研究。该研究在分析核电厂操纵人员工作和任务特点的基础上,找出操纵人员的工作行为特点。参考其他危险职业领域人员心理选拔的研究成果,将这些工作行为特点、重要的行为影响因素与特定的心理评价维度相对应,从认知能力、人格特质、心理健康等三个方面给出了操纵人员心理选拔系统所需要的21个维度,并提出各个维度的测量方法。何旭洪等还开展了核电厂职业适应性研究。通过分析核电厂操纵人员的职业特点,研究建立核电厂操纵人员的职业适应性心理测评项目,讨论职业适应性测评的适用对象,为提高操纵人员整体素质,提高核电厂安全性、可靠性奠定基础。

1.3.3 安全人因工程中的心理因素分析

大规模、现代化的人-机系统为我们带来了巨大的经济效益,也深刻地改变了我们的工作方式。然而这样的系统,一旦发生事故,则可能导致社会的巨大灾难,如三哩岛核电站事故,印度博帕尔(Bhopal)化工厂毒气泄漏,切尔诺贝利核电站事故,"挑战者"号航天飞机失事等。统计显示,由人的失误引发的事故占很大比例。目前,心理因素的研究正在逐步深入到人因领域的各个部分,包括对人的心理因素结构,人的心理与安全行为的关系,人的可靠性的研究,以及人的心理素质测评等。

迄今为止,研究者们提出了众多的安全理论。无论是早期的事故倾向性格论、二战后的系统理论还是现代的事故致因理论,都强调人的地位,因为归根到底,人的活动是受其主观感受影响的,人有其特有的个性心理品质,这些个性心理因素对人的安全行为起着重要的影响作用。南华大学人因研究所郭晓艳等在前人研究的基础上,探讨了心理因素与行为的关系,心理与人的可靠性,以及心理因素在系统安全管理中的应用。

1.4 核电厂员工需要学习的心理学相关知识及学习的意义

随着我国核电中长期发展规划的稳步推进,对技术型、知识型人才的需求将愈加迫切和广泛,对核电安全运行必将提出更严格的要求。为了适应核电发展的形势,需要加强核电厂员工培训,提高员工的素质。以前往往强调的是思想素质、技术素质和身体素质,而忽视了员工的心理素质。虽然,思想素质、技术素质、身体素质不可缺少,但它们都会受到心理素质的影响。因此,今后在进行员工培训时,应适当增加相关的心理学知识。

核电厂安全心理学基础知识培训的主要内容包括:核电厂员工在生产作业中的主要生理心理活动;核电厂作业人员的心理过程、个性心理、操作行为和工作环境与安全生产的关系;易导致核电厂人为失误的生理心理因素及对策分析;核电厂员工的自我心理保健等。通过培训,让员工了解心理过程、个性心理、工作环境等与安全生产的关系,熟悉易导致核电厂人为失误的生理心理因素,培养员工良好的安全心理素质;了解心理品质存在个体差异,使员工初步建立个人的心理品质与岗位相适配的职业意识;熟悉心理健康和自我心理保健的基本知识和核心理论,了解培养自我心理保健能力的基本方法;了解核电厂防人因失误工具的相关心理机制及应用。

1.5 心理学对事故的分析方法

心理学对事故进行分析的目的,在于从人的因素出发找出发生事故的原因及其规律,提出预防措施。主要采取的方法有以下几种。

1.5.1 人机工程学分析

人机工程学分析主要是通过统计分析方法,根据大量的原始资料,从人-机-环三个方面找出事故产生的原因及其变化规律,找出哪些是人的因素引起的,哪些是机器或环境因素引起的;哪些是人的因素与机器或环境因素相互作用引起的。如果是人的因素引起的,则进一步可以分析是否与知识不足、技能不熟练、注意力不集中、疲劳、生理缺陷或疾病、智力、年龄、人格特征、情绪等原因有关,还可进一步分析为什么会出现这种现象,从而突出某些因素与事故的关系。以求采取有效的预防事故的措施。

1.5.2 一般的事故统计分析

一般的事故统计分析可按事故发生地点(Where 何处)、时间(When 何时)、工种、性别、工龄、年龄(Who 何人)、事故类型、性质(What 何种)、事故原因(Why 何因),分别进行统计分析,寻求事故的规律。

1.5.3 个案事故分析

个案事故分析常用于寻找事故潜在的隐患,防止以后再发生同类原因的事故,以及采取最适宜的预防措施,常常需要对个案事故进行心理学分析,以找出不安全因素。

1.5.4 事故的流行病分析

事故的流行病学分析是采用流行病学的研究方法，研究特定的职业人群在特定的生产环境中受到特定因素的危害所造成的对安全的影响，并对这种危害因素进行分析研究，依分析方法的不同，又可分为：

(1) 回顾性研究：对过去一段时间内，某单位、某岗位既往事故的资料进行分析、比较，从中找出事故的一般规律和关键因素，作为预防措施的依据。

(2) 现况调查：在同一时间或不同时间，对不同岗位或单位的观察对象进行横断面的比较，如比较不同单位、部门或岗位的事故资料，并找出其差异原因；或对某一特定人群的现状进行研究，如研究某一单位目前的安全情况及其安全心理学方面的问题，并提出对策。

(3) 前瞻性研究：依据过去所记录的有关安全问题的历史资料，建立某种数学模型，以此预测将来可能发生的情况或变化。如根据以往因工伤亡的事故资料，通过建立数学模型，推测在采取某种安全措施后，将来发生工伤的情况，以判断所采取的安全措施的好坏。

复习思考题

1. 心理学在核电领域的研究与应用主要有哪些？
2. 核电厂员工为什么需要学习心理学的相关知识？

第二章　核电厂员工在生产作业中的主要生理心理活动

2.1　生产操作中的主要心理活动

核电厂员工在生产操作活动中不断接受关于机器工作状况、周围环境和操作对象等各种变化信息，根据这些信息，操作者需要调节自己的活动以保持有效的操作。外界的各种信息是通过人体的各种器官通道传到大脑的。虽然完整的机体具备各种感觉系统，但每种感受器都有一定的限度（绝对阈限、差别阈限等），而且各种感觉通道均有各自的特点（例如它只能接受特定形式的信息）。在操作过程中，外界的许多不利条件和操作者本身的个体不良状态都可以影响工作能力的稳定性和工作效率，如果外界不利条件和操作者的不稳定状态超过一定限度时，就会造成感觉系统机能障碍，甚至导致事故发生。例如，噪声强度太大或操作环境太复杂、变化太快时，人的感觉系统就会由于无法适应而发生故障。

各种感觉在生产作业中的用途是不同的。从劳动管理及劳动安全的角度来看，视觉、听觉、运动觉及皮肤感觉比较重要，它们在操作活动中分别感受操作环境中各种客体的形态、声音、温度以及振动和肌肉运动。其中，视觉通道最为重要，它接受90%以上的外界信息；另外，10%左右的信息经听觉系统以及皮肤和本体感受系统传入。嗅、味觉在一般操作活动中作用较少。

人的记忆过程、思维过程对操作活动的顺利进行也有极其重要的作用。操作者在操作活动中通过感官接受各种信息，并根据记忆中有关的知识和经验，在感觉和知觉表象材料的基础上进行分析综合、抽象概括，从而做出正确的判断，产生有效的操作行为。积极的思维，能使操作者尽快掌握技术，正确处理生产中出现的各种复杂情况。

注意力在操作活动中也具有非常特殊的作用。员工观察或监视系统运行情况，考虑排除故障的方案，控制或操作某一设备，在这些操作活动过程中，正是因为操作者把注意力集中在某种设备上，才使周围整个环境的某一部分在头脑中比其余部分反映得更加明显与清楚。而对那些与操作者的意识指向无关的部分，则反映得模糊而不清楚。因而，员工在操作活动中有目的、有方向的有意注意，是提高操作有效性、保证作业质量的重要因素，也是防止发生事故的有效途径。

员工在工作中不仅需要正确认识操作活动的环境以及操作活动本身的进展状态，而且要有目的、有计划地主动作用于外部环境，要自觉地调节自己的行为。不仅要克服来自外部条件的障碍，如作业困难、环境恶劣、时间紧张、人际关系及舆论压力等，而且要克服来自内部条件的困难，如技术知识缺乏、经验不足、缺乏兴趣、信心不足、身体疲劳和心理恐惧等。因此，员工必须具备坚强的意志品质，才能达到预期的目标。员工对操作活动的兴趣和工作动机也是保证生产活动顺利进行的必不可少的条件。

总之，操作活动中的心理活动是多方面的，它是人们通过感觉、知觉、思维和注意等一系列心理活动的集中性、指向性和组织性来能动地认识事物的过程，也是人们受某种自我的激励，积极地指引操作活动按一定规范进行的过程。

2.2　生产操作中的主要生理活动

员工在生产操作中的主要生理活动是骨骼肌肉运动。肌肉的活动要靠神经系统的兴奋和抑制过程来控制。以人的手臂为例，手臂所以能够弯曲和伸直，是由于屈肌和伸肌交替松弛的结果。而肌肉的收缩和松弛取决于大脑皮层相应区域的兴奋和抑制过程。兴奋和抑制过程的相互作用，使人有可能做出精细协调的活动，定位动作和协调动作是相互作用的结果。但当人疲劳时，兴奋和抑制的相互作用关系遭到了破坏，动作的精确性和协调性也变得不稳定，导致事故发生。

大脑皮层兴奋过程和抑制过程的交替不仅是动作协调性和精确性的必要条件，同时也是使大脑皮层细胞得以轮流休息、减少疲劳的产生与积累的一种保护机能。例如，立正的姿势所以容易疲劳，就是因为在这种条件下，几种肌肉较长时间总是处于紧张状态，与此相对应的大脑皮层的某些细胞也总处于兴奋状态。因此，为了减少疲劳，操作者的操作活动应当有张有弛，并应在允许的范围内经常变换身体姿势。

员工在生产作业中，生理活动和心理活动是相互联系、相互影响的统一体。生产作业中的操作行为是一个开放的，即与外界因素相互联系、相互影响的生理心理系统。生理心理系统是指人体自身是由生理系统和心理系统这两个子系统所构成的完整系统。心理系统包括操作者的工作态度、动机水平、情绪状态、感觉和思维能力、知识水平与经验基础、意志品质、个性特征的类型等一系列心理因素。生理系统包括操作者的年龄、性别、体力条件、神经系统特点、循环系统、呼吸系统及内分泌系统的活动等一系列生理活动的因素。生理心理系统的两个子系统是相互联系、相互影响的，其整体状态如何将影响人操作活动的效率和作业的可靠性。

个体的操作活动不是一个内部闭合的系统，而是一个受外部环境的影响，与外部环境发生相互作用的开放式系统。外部环境包括自然物理环境与社会组织环境两大部分，前者是指操作活动中的各种客观条件，如工作空间的大小、设备系统的布局、噪声、照明等。后者是指操作者在群体中所处的社会地位、领导风格、管理制度、人际关系等。所有外部环境因素都可以影响操作者的生理心理系统的状态，从而最终对操作行为和作业可靠性产生影响。

2.3　条件反射和行为的强化

2.3.1　经典条件反射和操作性条件反射

俄国的生理学家巴甫洛夫认为，反射有两种：无条件反射和条件反射。无条件反射是与生俱来的反射。刺激物与反应之间有固定的联系，一定的刺激总是引起某种反应，如一个初生婴儿，用强光刺激他的瞳孔，就会引起他的瞳孔收缩。这些都是无条件反射，无条件反射又叫本能。

对人类来说，主要的反射形式是条件反射。条件反射是有机体在生活中学会的，只在一定条件下出现的反射。条件反射都是在无条件反射的基础上建立的，是条件刺激与无条件刺激多次结合产生的。为建立条件反射，要求先呈现中性刺激，然后呈现无条件刺激，二者在时间上要接近或有一定的重合。无条件刺激物和中性刺激物之间的结合成为强化。强化的次数越多，条件反射建立得越巩固。

美国心理学家斯金纳发展了一种所谓操作性条件反射的理论。他设计了一种实验装置，人们称之为“斯金纳箱”。这是一种适用于研究白鼠的操作条件反射的实验装置。实验发现，由于食物强化，白鼠踩压杠杆的次数会显著增加。如果白鼠踩压了杠杆而不再给予食物，压杆次数就会减少，直至不再出现。也就是说，没有（食物）强化，操作性条件反射包括经典条件反射，都会逐渐消退。

2.3.2 条件反射和行为的强化

经典条件反射和操作性条件反射中的强化含义虽有差别，但其结果都是增加了所期望的反应出现的可能性。因此，强化的定义为：增加一种反应出现的概率的事件。“奖赏”有时可看做与“强化”的同义词，它们的效果一般都能增加所希望事件的概率。而“惩罚”正与其相反，它能减少一种反应出现的概率。因此，有时称此为“负强化”。人们常用惩罚来制止所不希望的行为。

虽然惩罚在控制行为方面是有效的，但也有不利因素。惩罚会干扰正确反应的学习，例如，一个小学一年级学生学习阅读，如果每当他念错一个词的发音都要受到老师的严厉训斥，一方面是阻止了小孩对这个词的错误发音，但主要的影响可能是使这个小孩情绪紧张，结果却影响了他对正确发音的学习。避免“惩罚”作用的方法是奖励正确反应，即加强和巩固正确的行为。

2.3.3 行为的强化与安全生产

奖惩对安全生产有相当大的作用，它能促进操作者提高安全操作的动机，阻止其违反安全规范的行为。奖励与惩罚相比，奖励的积极性更大。在生产中，要使安全操作行为得到巩固，或使安全规程能够贯彻到每位员工的实际作业过程之中，就必须有长期不断的强化过程。强化的手段包括奖励和惩罚，即奖励安全行为，惩罚不安全行为。两者结合，能产生较好的促进安全生产的效果。

在安全生产的具体实践中，还要防止不安全行为的“自然”强化现象。例如，在生产作业中，违章作业有时比遵章作业显得便捷、省力。所以，违章作业行为有着一种非外在的自我强化因素（当然有些违章行为通过降低工程质量标准、节省材料而获得某些经济利益，则属外在的强化因素），这种强化因素往往是很多屡次违章者的主要行为动机。

不安全行为的自我强化现象，对安全生产是一个不利因素。这种现象往往是使克服违章行为的工作产生困难的重要原因之一。核电厂应该运用强化的有关原理，通过加强安全监察工作，采取奖赏安全行为、惩罚不安全行为等办法，从而破坏其强化机制，使违章行为得以消退。

2.3.4 案例分析

标题：强化理论的应用

描述：

强化理论有助于对人们行为的理解和引导。因为，一种行为必然会有后果，而这些后果在一定程度上会决定这种行为在将来是否重复发生。那么，与其对这种行为和后果的关系采取一种碰运气的态度，就不如加以分析和控制，使大家都知道应该有什么后果最好。这并不是对员工进行操纵，而是使员工有一个最好的机会在各种明确规定的备择方案中进行选择。因而，强化理论已被广泛地应用在激励和人的行为的改造上。在管理实践中，正强化和负强化的使用并不能简单和绝对化。关于正强化和负强化的使用，一个日本企业进行了调查，见下表。

表　正强化和负强化的使用调查表

激励方式	效果（行为变化）%		
	变好	一般	变差
公开表扬	87	12	1
个别指责	66	23	11
公开指责	15	27	33
个别嘲笑	32	33	35
公开嘲笑	17	36	47
个别体罚	28	28	44
公开体罚	12	23	65

反思和分析：

从以上日本企业的调查中可以得到一些启示。在企业安全管理中，应用强化理论来指导安全工作，对保障安全生产的正常进行可起到积极作用。在实际应用中，关键在于如何使强化机制协调运转并产生整体效应，为此，应注意以下五个方面：

第一，应以正强化方式为主。在企业中设置鼓舞人心的安全生产目标，是一种正强化方法，但要注意将企业的整体目标和员工个人目标、最终目标和阶段目标等相结合，并对在完成个人目标或阶段目标中做出明显绩效或贡献者，给予及时的物质和精神奖励（强化物），以求充分发挥强化作用。

第二，采用负强化（尤其是惩罚）手段要慎重。负强化应用得当会促进安全生产，应用不当则会带来一些消极影响，可能使人由于不愉快的感受而出现悲观、恐惧等心理反应，甚至发生对抗性消极行为。因此，在运用负强化时，应尊重事实，讲究方式方法，处罚依据准确公正，这样可尽量消除其副作用。将负强化与正强化结合应用一般能取得更好的效果。

第三，注意强化的时效性。采用强化的时间对于强化的效果有较大的影响。一般而论，强化应及时，及时强化可提高安全行为的强化反应程度，但须注意及时强化并不意味着随时都要进行强化。不定期的非预料的间断性强化，往往可取得更好的效果。

第四，因人制宜，采用不同的强化方式。由于人的个性特征及其需要层次不尽相同，不同的强化机制和强化物所产生的效应会因人而异。因此，在运用强化手段时，应采用有效的强化方式，并随对象和环境的变化而相应调整。

第五，利用信息反馈增强强化的效果。信息反馈是强化人的行为的一种重要手段，尤其是在应用安全目标进行强化时，定期反馈可使员工了解自己参加安全生产活动的绩效及其结果，既可使员工得到鼓励，增强信心，又有利于及时发现问题，分析原因，纠正错误。

复习思考题

1. 员工在生产作业中的主要生理心理活动有哪些？
2. 员工在生产作业中的生理活动和心理活动是什么关系？

第三章　核电厂作业人员的心理过程与安全生产的关系

3.1　认知心理与安全生产的关系

认知心理是指人在认识活动中所体现出来的心理现象或心理活动。认知心理的具体表现形式是多种多样的。心理学的研究表明，人的认知过程是由一连串相互联系、相互影响的阶段或环节构成的，其中包括感觉、知觉、记忆、思维、想象等。感觉是人对直接作用于本身的感觉器官的事物的个别属性的反映过程。它是使外界事物的刺激进入人脑的中介和桥梁，是把人同外界事物联系起来的纽带。知觉是对直接作用于感觉器官的事物的整体的反映过程，体现为感觉的综合。记忆是人对以往曾经接触过的对象和现象的复现过程，是使人能够积累经验、丰富头脑表象储备的心理保证。思维和想象是人对进入人脑的各种信息、知识、表象进行概括、提炼、加工、改造的过程，是认知心理的关键环节和步骤。

3.1.1　感觉、知觉与安全

感觉是脑对客观事物个别属性的反映。事物的个别属性即指客观事物最简单的物理属性（颜色、形状、大小、软硬、光滑、粗糙等）和化学属性（易挥发与易溶解的物质的气味或味道），以及有机体最简单的生理变化（疼痛、舒适、凉热等）。感觉是一种简单的心理现象，是认识的起点。知觉是脑对直接作用于感官的客观事物整体属性的综合反映。感觉和知觉都有一些比较明显的特性，它们都和安全有密切关系。

（1）感觉对机体状况存在依赖性。任何感觉都与人的机体状况有关。人的机体不健康或有缺陷，都直接影响感觉的发生和水平。例如，患感冒和鼻炎的人，其嗅觉敏感度会急剧下降。因此，为了使感受性保持正常，在安全生产中发挥作用，员工首先应有一个健康的体魄。有了疾病，也要注意及时医治，带病工作虽精神可嘉，但从安全的角度看，却不可取，因为这样会增加事故的隐患。

（2）机能健全的感觉器官是感觉的物质基础和先决条件。虽然绝大多数人在正常情况下都有较高的感受性，但个体差异比较大，而且从事不同岗位的工作对某种感觉能力的要求也不一样。因此，为了使人与工作相匹配，在岗位分配时应该对从业者的感受性进行检查和测定。由于人体感官及其感受性会随着年龄、外在环境的变化发生生理上的变化，因此对员工进行定期检查是必要的，这对于那些要求有特殊感受性的岗位更为必要。

（3）所有感觉都与外界刺激的性质和强度有关。一种感受器只能接受一种刺激。刺激包括强度、时间、强度—时间变化率三个要素。这三个要素大小的不同组合可以得到不同的刺激。能引起感觉的一次刺激必须达到一定的强度，能被感觉器官感受的刺激强度范围称为感觉阈。刚能引起感觉的最小刺激量称为感觉阈下限，能产生正常感觉的最大刺激量，称为感觉阈上限。刺激强度不能超过刺激阈上限，否则，感觉器官将受到损伤。为了保证作业安全，就要恰当控制外界刺激的强度，并根据不同目的适当调节和选用刺激方式。例如，作业现场的照明光线，既不能太弱，太弱会大大降低视觉感受性；也不能太强，太强则使人目眩。又如放置在角落里的设备、阀门等，因环境光线较暗，为使人们易于感受它们的存在，就应该增强它们的颜色对人眼的刺激强度，比如采用明亮色调的油漆喷涂表面或安装指示灯等。

(4) 感觉的适应性。所谓适应是指由于刺激物对感受器的持续作用而使感受性发生变化的现象。例如，当人们从明亮的地方走进黑暗的地方，都会突然感到两眼看不到物体，然后慢慢地才看到黑暗中的物体轮廓。这种视觉逐步适应于黑暗环境的过程叫暗适应。不仅视觉有适应性，除痛觉外，其他如嗅觉、味觉、触压觉、温度觉等也都有这种特性。例如，"入芝兰之室，久而不闻其香"，"入鲍鱼之肆，久而不闻其臭"，就是一种嗅觉适应。听觉适应一般不很明显。适应能力是有机体在长期进化过程中形成的，表现在所有的感觉中。它对于人感知事物、调节自己的行为等具有积极意义。例如，夜晚与白天，亮度相差百万倍，若无适应能力，人就不能在不断变化的环境中精确地感知外界事物，调节自己的行动。但适应期的存在又给人感知事物造成了一定困难。因此，在变化急剧的环境中工作时就有可能出现感知错误，从而成为不安全因素。适应的一般规律为持续作用的强刺激使感受性降低，持续作用的弱刺激使感受性增高。

(5) 不同感觉间具有相互作用。对某种刺激物的感受性，不仅决定于对该感受器的直接刺激，而且还与同时受刺激的其他感受器的机能状态有关。例如，飞机噪声(听觉)可使黄昏视觉的感受性降低到受刺激前的20%。听到那种刺耳的"吱吱"声(如电锯发出的声音)，不仅使听觉器官受到强烈刺激，而且使人的皮肤产生凉感和嗅感。不同感觉间之所以具有相互作用，归根结底是因为人体是各种感觉构成的一个有机整体，不同器官虽有不同功能，但它们之间存在相互联系，因而能相互影响。感觉之间相互作用的一种特殊表现是感觉代偿。所谓感觉代偿是指某种感觉缺失之后，可以由其他感觉来弥补。例如，盲人失去视觉后，可以通过自己的脚步声来辨别地形、地物，也可以通过触觉来阅读盲文。各种感觉之所以能够相互补偿，其主要原因是由于刺激的能量是可以互相转换的，因而一种信息可以转变为另一种能被感受器所接受的信息。各种感觉的相互代偿，扩大了人的感知渠道，对于保证安全具有积极意义。

(6) 感觉的模糊性。尽管人的感受器官具有很强的感受性，但对外界事物变化的感知却并不精确。虽然外界刺激是客观的，但对不同的个体来说，其感受到的结果却有较大差异。因为，感觉作为一种心理现象，并非由纯客观刺激所决定，而是由客观和主观的相互作用所决定的。人的经验、知识、情绪等主观因素对感觉都有很大的影响。在生产活动中，为了弥补感觉的局限性，必要时必须借助仪器、仪表等物质手段，以客观、准确地反映事物及其变化。

(7) 知觉的选择性。在心理学中，知觉的选择性是指当客观事物作用于人的感官和头脑时，总是有选择地、优先地反映少数对象或对象的部分属性而对其余事物或事物的属性则反映得比较模糊的心理现象。被清晰地知觉到了的事物便是知觉的对象，而其他模糊知觉到的事物便是这种对象的背景。在众多事物的刺激下，究竟哪些事物成为知觉的对象，哪些仅是背景，这与人的认识目的、兴趣、经验、情绪等主观因素有关，同时也和刺激物的性质、形态、运动状态等有密切关系。对象和背景之间的差别越大，把对象从背景中区分出来就越容易，反之就越困难。例如，仪表指针和刻度表盘的颜色如是一样（或顺色），则不易辨别出指针的位置，因此在进行设计时应尽量使之反差加大，否则容易造成误读。刺激物各部分之间的组成方式也影响知觉的选择性。在时间上连续相连或在空间上相隔较近的事物，易被人知觉为一组；在形状、大小、颜色、强度等物理特性方面相似的事物，也容易被知觉为一组。

（8）知觉的理解性。人在感知当前事物时，总是根据以往的知识或经验来理解它们，并用词把它们标示出来。心理学中把知觉的这种特性称为知觉的理解性。知觉的理解性说明知觉并不是一种纯粹的感性活动，而是与部分理性活动相联系，与思维活动相联系的心理现象。知觉比感觉在更大程度上依赖于人的主观态度和过去的知识与经验。同样的外界刺激，对于具有不同知识背景和经验的人来说，其知觉的内容对事物的理解与否以及深刻性等会有很大差异。除人的知识、经验对知觉的理解性有明显、重要的影响外，自语的指导或指示、实践活动的任务、情绪状态以及心向等也影响对知觉对象的理解。例如，当环境复杂、对象的外部标志不明显时，运用言语提示，可唤起人们对过去经验的回忆，有助于对知觉对象的理解。核电厂员工安全意识的培养依赖于知觉的理解性，如果员工的理解能力差，就会对危险的认识不足。

（9）知觉的恒常性。知觉的恒常性是指当知觉的条件在一定范围内发生改变时，知觉的印象仍然保持相对不变的特性。对对象原有的知识和经验越丰富，就越有助于感知对象的恒常性。熟悉的环境有助于保持知觉的恒常性。知觉恒常性的积极意义在于：保证人在瞬息万变的环境条件下，仍能感知事物的真实面貌，从而有利于人适应环境。这对安全生产很重要。例如，虽然有时某些东西挡住了视线，人们仍能感知其被遮掩部分。核电厂操纵人员能够在特殊复杂的环境和条件下感知运行的真实状况，同样依赖于知觉的恒常性。但知觉的恒常性也会给人带来错误的判断，因为它对于真正变化了的情况仍用原来的经验去理解，因而不能随时调整自己的判断，使人易犯经验主义的错误，从而给安全带来消极的影响。如某变电所值班员操作时由于跑错间隔，当用钥匙打不开刀闸的锁时，误认为该锁已生锈，遂用锯子将锁锯开，强行操作，造成带负荷拉刀闸事故。

3.1.2　记忆与安全

记忆是过去的经验通过识记、保持、再认和回忆的方式在人脑中的反映。在一个人的经历中，曾经感知过的事物、思考过的问题、采取过的行动、练习过的动作、体验过的情绪和情感，都会有一部分在头脑中保留下来，形成记忆。记忆是包括“记”和“忆”的完整过程。所谓“记”指识记和保持，这是记忆的前提和关键。所谓“忆”是再认和回忆，这是记忆要达到的目的，也是检验记忆的指标。记忆是人脑的一种机能，它是过去的经验在人脑中的反映。从信息论的观点来看，记忆是对输入信息的编码、储存和提取的过程。

记忆是一个复杂的心理过程，它包括识记、保持、再认或回忆三个基本环节。识记是记忆的第一步，是获得事物的印象并成为经验的过程。根据是否有预定的目的和意志努力的程度，识记分为无意识记和有意识记两种。人们掌握知识和技能，主要靠有意识记。识记是一种反复的感知过程，借以形成比较巩固的联系。例如，识记安全知识，常是经过多次听取或默想，形成巩固的知识，从而记住它。当然也可能经过一次感知就能记住，这取决于安全知识的易理解性和识记人的感兴趣程度。保持是把识记过的内容在头脑中储存下来的过程，它是识记在时间上的延续。保持的对立面是遗忘。遗忘指对识记过的事物不能（或错误地)再认和重现。它是保持的丧失或被干扰。遗忘的进程是不均衡的,有先快后慢的特点,以后基本稳定在一个水平上。再认又称识别。当先前曾识记和保持过的事物再出现于面前时,人们能把它认出来,这就是再认。另一种情况是,即使先前感知或思考过的事物不在面前,甚至已隔了很长一段时间,人们仍能把它在头脑中重现出来,这就是重现过程。重现也称为回忆。

记忆无论是在日常生活中,还是在生产、工作和学习中,都有非常重要的作用。首先,记忆是人们积累经验的基础。没有记忆,人类的一切事情都得从头做起,无法积累经验,人类的各种能力也就不能得到提高,一切危险也就无法避免,安全也就没有保障。记忆作为一种普通的心理现象,它与每一个人、每一种工作都息息相关。其次,记忆是思维的前提。只有通过记忆,才能为人脑的思维提供可以加工的材料。人能在复杂多变的环境中求得生存和发展,一个重要原因就是人类会思维。但思维需要丰富的信息储存作为原料。而信息的储存要靠记忆。没有记忆,也就难以思维,更不可能做出预见性判断,也就不得不承受更多的风险,并为此付出更多的代价。

关于如何提高记忆力,许多心理学家或学者进行了大量研究和探讨。燕国材先生在《智力与学习》一书中将记忆的规律进行了归纳。

(1) 在记忆时,有明确目的比没明确目的的记忆效果要好得多。在生产活动中,对那些必须记住的材料,一定要给自己提出明确的记忆任务,决不能放任自流。

(2) 要求长期记忆的材料,较之只要求短期记住的材料具有更大的巩固性。要求可记可不记,实际可能就什么也记不住。因此,在生产活动和安全工作中,对那些基本的安全操作规程等应该使自己具有长期记忆甚至永久记忆的意向。

(3) 要求精确记忆材料的效果,比只要求记其大概的效果要好。在安全生产中,为了防止出现判断错误,对于显示仪表读数的正常范围值必须提出精确记忆的要求。

(4) 按顺序记忆的效果优于不按顺序的记忆。"顺序"可以从不同角度排,如逻辑顺序、自然顺序、历史顺序、时间顺序,等等。把无规则排列的事物,排成编号或序号,可提高记忆效果。

(5) 凡是与人的需要符合的材料容易记牢。在生产活动中,一个具有强烈安全意识的人具有较强的安全需要,因而对于安全有关的知识、操作等就特别注意记忆,并且也记得牢。安全技术人员因工作需要,对安全知识和安全条例也比一般人记得多、记得牢。因此,强化人们的安全需要对于提高记忆力具有重要意义。

(6) 凡能引起人的直接兴趣的材料,就记得快、记得久。兴趣有直接兴趣和间接兴趣之分。直接兴趣是对事物和活动本身感兴趣。在生产活动中,为了加强对安全知识的记忆,采取一些生动、活泼、有趣的方式,如举行安全知识竞赛、安全操作表演等,较之枯燥的背诵条文会产生更好的记忆效果。

(7) 能激起人的情感的事物,就能较长久地保留在头脑中。如在工作区书写"高高兴兴上班,安安全全回家"、"为了你的安全和家人的幸福,请戴好安全帽"等带感情色彩的标语,能激起人们的温馨感情,人们乐意接受,也容易记得住。

(8) 经过积极思考,达到深刻理解的事物,较容易记住,甚至终生不忘。这一规律的实质是意义记忆优于机械记忆。

(9) 有意义的材料比无意义的材料易记住。在安全生产中,对要求记忆的材料要讲清其意义以及要记忆的理由。

(10) 直观的、形象的材料较之抽象的概念和材料容易被记住。利用图表、连环画、多媒体形式宣传安全知识是一种好办法。

(11) 有多种感知参加的活动，较之只有单一感知参加的活动，其记忆效果要好得多。现代科学证明，单凭听觉会话通讯，每分钟仅能传达 100 个单词；而视觉传达的速度比听觉快 1 倍；视、听同时起作用则是听觉的 10 倍。因此，为提高记忆效果，应该做到“五到”，即眼到、耳到、口到、心到、手到。

(12) 利用联想，是促进记忆的有效方法。学会联想，可以大大丰富自己的知识储备，并有助于创造性地解决问题。

(13) 及时复习，可以巩固记忆效果，避免遗忘。遗忘与保持是相对立的，但并非没有积极意义。应该对它一分为二：对不必记忆的要善于遗忘，以防“信息掩盖”、“信息污染”，提高记忆的清晰度和备用性；对必须记的要记住，防止遗忘。据心理学的研究，遗忘的一条基本规律是先快后慢，即记忆之后，最初忘得快，而后便逐渐忘得慢了。及时复习、加强巩固是非常必要的，而且复习越是及时，其记忆的保持率越高，所花时间还少。

(14) 用计算机管理系统、数据库、报警、警示等外部工具和手段，来弥补人的记忆限制。

总之，记忆是规律的，按照记忆规律去做，可以收到事半功倍的效果。它有助于保证生产安全的认知需要。

3.1.3 思维与安全

思维是一种高级的认知活动，是个体对客观事物本质和规律的认知。认知心理学认为，思维是以已有知识和客观事物的知觉印象为中介，形成客观事物概括表征的认知过程。按照信息论的观点，思维是人脑对进入人脑的各种信息进行加工、处理变换的过程。依据凭借物的不同，可将思维分为动作思维、形象思维、抽象思维。依据思维活动的方向和思维成果的特点，思维可分为辐合思维与发散思维。根据思维活动及其结果的新颖性，思维又可分为常规思维和创造思维。思维品质是衡量思维能力优劣、强弱的标准或依据。在解决问题的过程中，每个人都会表现出思维品质上的差异。一般思维的基本品质主要通过思维的广阔性、批判性、深刻性、灵活性、敏捷性等体现出来。

(1) 思维的广阔性是指能全面而细致地考虑问题。具有广阔思维的人，在处理问题和作决断时，不仅考虑问题的整体，还要考虑问题的细节；不但考虑问题本身，而且还考虑与问题相关的一切条件。思维的广阔性是以丰富的知识经验为基础的。知识经验越丰富，就越有可能从事物的各个方面、各种内外的联系中来分析问题、看待问题和解决问题，因而思维的广阔性是安全的保证。员工如缺乏思维广阔性，处理问题就会狭隘、片面，顾此失彼。

(2) 思维的批判性也称思维的独立性。它是指在思维中能独立地分析、判断、选择和吸收相关知识，并做出符合实际的评价，从而独立地解决问题。思维的判断性或独立性是使自己保持创新头脑的重要品质。具有较强的思维批判性或独立性的人，往往有较强的自主性，对别人提出的观点和结论既不盲目地肯定和接受，也不是盲目地予以否定，而是经过深入思考，得出自己独立的见解。相反，缺乏思维批判性的人，要么自以为是、目中无人、固执己见，要么人云亦云、随波逐流、没有主见，在生产活动中容易发生事故。

(3) 思维的深刻性是指能深入到事物的本质里去考虑问题，不为表面现象所迷惑。具有深刻性思维的人，喜欢追根究底，不满足于表面的或现成的答案。任何事物都既有现象，也有本质。现象是事物表面的映像，它容易被人们的感官所感知，而本质则往往隐藏在现象的背后，必须通过思维才能把握。而且，事物的本质也是分层次的，人们认识事物的过程就是透过现象揭示其本质的过程。缺乏思维深刻性的人最多只能透过现象揭示其浅层次的本质，而具有思维深刻性的人则能揭示其深层次的本质，发现别人发现不了的问题。例如，在分析事故发生的原因时，有的人只考虑造成事故的直接原因，而有的人则能看到更深一层，不仅考虑直接原因，而且考虑造成事故的内在原因，从而能找出防止事故发生的根本措施和方法。

(4) 思维的灵活性是指一个人的思维活动能根据客观情况的变化而随机应变，不固守一个方面或角度，不坚持显然是没有希望的思路。思维灵活的人不固守传统和已得的经验，当一个思维方向受阻时可以转换到其他方向上去，但不是无原则地看风使舵，也不等于遇事浅尝辄止。缺乏思维灵活性的人往往表现得比较固执，爱钻牛角尖，思想僵化，不知变通，反应迟钝，优柔寡断，从而延误了处理问题的最佳时机。

(5) 思维的敏捷性是指能在很短的时间内提出解决问题的正确意见和可行的办法，体现在处理事务和作决策时能当机立断，不犹豫、不徘徊。思维的敏捷性不等于思维的轻率性。思维的轻率性也表现出快速的特点，但往往比较肤浅。思维的敏捷性是思维其他品质发展的结果，是所有优良思维品质的集中表现。它对于处理那些突发性的事故具有特别重要的意义。因为核电厂员工在处理突发事故时，即使是短暂的延误，都可能造成更为严重的后果，导致更大的损失或伤害。

思维的品质还涉及思维的条理性或逻辑性、思维的新颖性和创造性等。它们在安全生产中也是非常重要的。思维的条理性差，说话、办事也就缺乏条理，表达不清晰，则极易引起事故。思维的创造性差，处理问题时总是用老办法，对简单问题可能还有效，但遇到复杂问题就会不知所措。总之，良好的思维品质是员工做好一切工作的最重要的主观条件和基本保证。

3.1.4 想象与安全

想象是思维活动的一种特殊形式。它是人脑对已有的感知形象进行加工、改造并形成新形象的心理过程。想象是一种高级认知活动。依据目的性程度和产生的方式，想象可以分为无意想象和有意想象两大类。无意想象是一种没有特定目的、不自觉的初级想象，是一种“流变”式想象。有意想象是有意识、有目的并需依赖意志的努力而进行的想象。有意想象可根据观察内容的新颖性、独立性和创造程度，分为再造想象和创造想象。想象的品质主要反映在主动性、丰富性、生动性、现实性等方面。它们对安全都有一定影响。

(1) 想象的主动性是和有意想象联系在一起的，是人驾驭的想象，能做到“当行则行，当止则止”。主动的想象，无论对提高工作效率，还是保证作业中的安全，都非常重要。在安排生产、从事实际操作时，要主动想象会出现哪些问题、困难，哪些有碍安全，并想象如何避免，可以做到临事不乱，处变不惊，操作井然有序。相反，缺乏想象，一旦事故发生，就会惊慌失措。

(2) 想象的丰富性是指想象内容充实、具体。想象的丰富性取决于一个人的表象储备，与经验积累有关。“见多识广”和爱好思考是想象丰富的必要条件。对同一现象或事物，爱好思考的人会想得比较深入、细致和全面。这对预防事故是有利的。但如想象过于丰富，有时会使人谨小慎微，工作时产生畏难情绪或恐惧心理，进而影响作业的安全。

(3) 想象的生动性是指想象表现的鲜明程度。有的人对想象的事物，如闻其声，如见其形，历历在目，栩栩如生；有的人则比较粗略、模糊。想象越生动，对想象的体验也越深，记忆也容易持久。

(4) 想象的现实性是指想象与客观现实相关的程度。有现实性的想象是有根据的想象，它在一定条件下是可以实现的。无根据的想象是空想。虽然想象都有可超越现实的特点，但有现实性的想象可以指导人的进一步行动，促进人们按这种设想去奋斗，而空想则起不到这种作用。因此，在想象中要注意提高其现实性的程度。

3.2 情绪和情感心理与安全生产的关系

情绪、情感是一种常见的心理现象。它不仅影响工作绩效、劳动效率的提高，同时也会给安全带来积极的或消极的影响。因此，了解情绪、情感影响安全的一般机制，掌握情绪、情感的控制方式等，对保证生产安全、减少事故发生具有重要实际意义。

3.2.1 情绪、情感及其产生

情绪与情感是人对事物的态度和体验，是人的需要得到满足与否的反映。人在认识和改造世界的过程中，必然接触到自然界或社会中的各种各样的对象或现象，遇到得失、顺逆、荣辱、美丑等各种情境，从而产生高兴和喜悦、气愤和憎恶、悲伤和忧虑、爱慕和钦佩等种种内心体验，这些以特殊方式表现出来的主观体验就是情绪或情感。

情绪和情感不论从任何角度来分析，都可分为向、背两个方面，也就是情绪和情感具有两极性。情绪和情感的两极性首先表现在积极的与消极的体验上。如果外界事物能够满足个体的需要，个体就会产生肯定的态度，从而引起满意、愉快、喜爱、羡慕等积极的内心体验；否则，就会产生否定的态度，从而引起不满意、烦闷、厌恶、轻蔑等消极的内心体验。情绪和情感的两极性还表现在活动的增力作用和减力作用上。增力作用表现为提高人的活动能力，如愉快的情绪、热爱企业的热情等，能鼓舞人积极地工作和学习。减力作用表现为降低人的活动能力，如忧伤、忧虑等，往往会降低人的工作和学习效率。但是，有的情绪与情感在一定的情境中既可能是增力，又可能是减力。例如，悲痛能降低人的活动能力，但也可以转化为奋发力量提高人的活动能力，其转化的条件是人能否认识到这种情绪的消极作用，并有意识地加以调节。

人的情绪和情感在感念上虽有所区别，但总是紧密地联系在一起。情感是在情绪的基础上形成和发展的，而情绪则是情感的外在表现形式。情绪、情感在西方心理学中，一般不作严格区分。但在苏联心理学中，情绪和情感是有差别的。苏联心理学家首先把情绪、情感分开，然后把情绪分为三种状态即心境(心情)、激情、应激，把情感分为道德感、美感与理智感等三类，其中每一类还可以细分。

3.2.2 情绪与安全

人的情绪是复杂的，它可以表现为不同的状态。情绪状态不同，对安全的影响也不尽相同。恰当而合理地调节与控制它，不仅有利于工作绩效的提高，而且有助于防止事故，保证安全生产。依据情绪发生的强度与延续时间的长短，可以把情绪分为不同的状态。

(1) 心境与安全。心境俗称心情。对个体而言，它是人的比较长时间的微弱、平静的情绪状态。对群体来说，则为"心理气氛"。心境不是对于某一件事的特定体验，而是弥散性的一般情绪状态，在一个较长时间内影响人的所有活动，蔓延范围较大。心境有积极和消极之分。积极的心境是一种增力性情绪。它使人心情愉快、思维敏捷，充满克服困难的信心，对保证安全是一种有利的因素。消极的心境是一种减力或负性情绪。它使人精神委靡不振，感受力下降，思维迟钝，思想和注意力不集中，对安全是一种威胁，也是造成事故的隐患。引起心境变化的原因很多：客观因素，如生活中的重大事件、工作顺利与否、人际关系干扰等；生理因素，如健康状态、疲劳、慢性疾病等；气候因素，如阴天易使人心情郁闷，晴好天气则使人心情开朗；环境因素，如工作场所杂乱狭小，光线昏暗，烟雾弥漫，易使人产生厌烦、忧虑等负面情绪。在生产作业中，员工应保持良好的心境，避免情绪的大起大落是非常重要的。心境与工作绩效、安全生产有很大关系。心理学家曾在一家企业中观察到，在良好的心境下，员工的工作绩效提高了 0.4%～4.2%；而在不良的心境下，工作绩效降低了 2.5%～18%，而且事故明显增加。因此，努力培养和激发积极的心境，学会做自己心境的主人，经常保持良好的心境，对安全生产至关重要。

(2) 激情与安全。激情是一种猛烈暴发性的、短暂的情绪状态。猛烈性(张度)、暴发性(时间)、短暂性(延续)是激情的三个明显特点。激情不同于心境，它往往是对某件事的特定体验，情境性较强。激情也有积极和消极之分。积极的激情能鼓舞人们积极进取，对安全是一种有利因素。在消极的激情下，认识范围缩小，控制力减弱，理智的分析判断能力下降，不能正确评价自己行为的意义和后果。负面激情如果不加控制，就会严重影响核电厂的安全运行，并对员工的身心健康造成伤害。因此，在生产作业时应竭力避免负面激情，提倡热烈而镇定的情绪、紧张而有秩序的工作。

(3) 应激与安全。应激是指当遇到出乎意料的紧张情况时所产生的情绪状态，应激是一种复杂的心理状态。每当系统偏离最佳状况而操作者又无法或不能轻易地校正这种偏离时，操作者呈现的状态就为应激。例如，核电厂操纵人员在遇到出乎意料的紧张情况时所产生的情绪状态和适应性反应；飞机在飞行中，发动机突然发生故障，驾驶员紧急与地面联系着陆时的心理状态。常见的应激源主要包括工作因素、环境因素、组织社会因素和生理节奏因素等方面。在应激状态下，人会产生一系列的生理反应变化，呈现出增力性和减力性两种应激状态。人在增力性应激状态下，可以最大限度地发挥自己的潜能。在应激情绪状态下，究竟是产生增力效应，还是减力效应，具有较大的个体差异性，而且也视具体情境而定。研究表明，它和个体原先心理准备状态、平时的训练和经验等因素有密切关系。在应激状态下，操作者的身心会发生一系列的变化，产生职业性紧张。其后果不仅影响人的行为和身心健康，而且与安全生产密切相关。因此，如何做好紧张心理调节是至关重要的。员工应从个体自身做起，避免过度的紧张。平时提高操作技能，注意积累经验，增强适应能力；培养自己的稳定情绪、坚定意志和自制力；学习一些控制情绪的方法，如自我说服、自我激励、自我放松等。通过这些方法的训练，提高自己的心理承受能力，减缓或消除心理的过度紧张。

(4) 不安全情绪。研究表明，当人体情绪激动水平处于过高或过低状态时，人体操作行为的准确度都只有 50%以下。因为情绪过于兴奋或抑制都会引起人体神经和肾上腺系统的功能紊乱，从而导致人体注意力无法集中，甚至无法控制自己。因此，人们从事不同程度的劳动，需要有不同程度的劳动情绪与之相适应。人们在情绪水平失调时，言行上往往会表现出忧虑不安、恐慌、失眠、眼睛呆滞、言行过分活跃，或出现与本人平时性格不一致的情绪状态等。员工应注意调节和创造一个稳定的个体心理环境，用理智控制不良情绪，从而大大减少因情绪水平失调而诱发的不安全行为。

3.2.3　情感与安全

情感是同人的社会性需要相联系的主观体验，是人类所特有的心理现象之一。人类高级的社会性情感主要有道德感、理智感和美感。与安全生产关系紧密的情感包括：责任感、挫折感、理智感和美感。

(1) 责任感与安全。责任感是个体所体验的自己对社会或他人所负的道德责任的情感。责任感的产生及其强弱，取决于对责任的认识。首先是对责任本身的认识与认同，例如，责任范围、责任内容是否明确，制约着责任感的产生。其次是对责任意义的认识或预想。责任本身的意义越重大，对责任意义的认识越深刻，对责任的情感体验也就越强烈。责任感对安全的影响极大，责任心不强极易导致事故发生。

(2) 挫折感与安全。人在生产、生活、工作和学习中，并非总是一帆风顺，有时会遇到障碍，出现失败，产生挫折。所谓挫折，在心理学上是指个体在从事有目的的活动过程中，遇到障碍和干扰，致使个人动机不能实现、个人需要不能满足时的情绪反应。不同个体对遭受挫折后的反应尽管不同，但基本可归纳为两大类：积极、建设性的；消极、破坏性的。为了防止或减少挫折感的产生，最基本的措施有两条：在客观上，应该尽可能改变产生挫折的情境。在开始工作之前，要做好物质和思想等各方面的准备工作，增大工作成功的把握，减少失败的概率。在工作中遇到困难时，员工要主动寻求同事或领导的支持和帮助。工作出现问题后，应实事求是地分析产生失败的主客观原因，对由客观因素所造成的失败，要给予正视和认可，不要一味地强调操作者的责任。在主观上，在确定工作目标时应该量力而行，切忌好高骛远，期望值要适度。工作前应有周密的计划，对工作中可能出现的困难应有充分的心理准备。工作出现问题时要理智地控制自己的情绪，必要时可采取心理调适的办法，尽快从失败的痛苦中解脱出来，将失败的痛苦转化为进一步奋斗的压力和动力。

(3) 理智感与安全。理智感是个体在智力活动中由认识和追求真理的需要是否得到满足而引起的情感体验。人在认识过程中，当有新的发现时会产生愉快或喜悦的情感；在突然遇到与某种规律相矛盾的事实时会产生疑惑或惊讶的情感；在不能做出判断、犹豫不决时会产生疑虑的情感；在下了判断而又感到论据不足时会产生不安的情感。所有这些情感都属于理智感。较强的理智感使人求知欲旺盛、热爱真理、服从科学，对安全生产是有积极作用的。由于科学技术的飞速发展，出现了许多新的系统设备，要熟悉、掌握和驾驭它们，单凭传统的经验和技能已无济于事，必须善于学习，不断更新自己的知识储备，加强现代科学理论的修养。因此，强烈的求知欲是必不可少的。在工作中只满足一知半解，固守陈旧经验，遇事冒险蛮干，不懂装懂，都是一种缺乏理智感的表现。如果员工在生产活动中缺乏理智感，那么既不能充分发挥高新技术装置的潜能，也容易在操作中出错，成为安全生产的威胁。

(4) 美感与安全。美感是人对能激起或满足自我美的需要的一种情感体验。美感是根据一定的审美标准评价事物时所产生的情感体验。美感的体验有两个特点：具有愉悦的体验;带有倾向性的体验。对美的强烈追求,往往成为人的生活的一种动力。不同的人对美的理解是不同的。以对工作负责、技术精湛,因而受到同事敬佩、社会尊重为美的员工,他们对美的理解是高尚和内在的。这种美感对生产中的安全是一种有利因素,因为它可以激励人们树立起较强的工作责任感和对技术精益求精的奋发向上的精神。而那些以外表漂亮、打扮入时、会吃会玩为美的员工,他们对美的理解是表面和庸俗的。这种美感有可能使员工沉溺于琐碎细小的日常生活,消磨人的意志,增强人的虚荣心。例如,如果员工不恰当地追求服饰美,认为穿劳动服是丑化自己,或者不穿,或者加以改造,使之失去了劳动保护的作用,就会给安全带来隐患。因此,树立正确的审美观,克服美感对安全带来的消极影响,是进行安全意识教育的一项重要内容。

3.3 意志与安全生产的关系

3.3.1 意志及其作用和特点

人不仅需要认识客观世界,而且需要改造客观世界。人的心理、意识,不仅能对客观事物产生认识过程和态度体验,更主要的是,能保证人对客观现实进行有意识、有目的、有计划的改造和变革。人的这种自觉地确定活动目的,并为实现预定目的,有意识地支配、调节其行动的心理现象,就是意志。意志从本质上说就是人自身对意识的积极调节和控制。意志通过对意识的自我定向、自我约束、自我调节和自我控制,保证人们达到预定目的。它对完成既定任务是必不可少的心理因素。法国生物学家巴斯德有一段名言:“立志、工作、成功,是人类活动的三大要素。立志是事业的大门,工作是登堂入室的旅程,这旅程的尽头就有个成功在等待着。”

在企业安全生产活动中,意志对员工的行为起着重要的调节作用。其一,推进员工为达到既定的安全生产目标而行动;其二,阻止和改变员工与企业目标相矛盾的行动。企业在确定了安全生产目标之后,就应凭借人的意志力量,克服一切困难,努力争取完成目标任务。企业要想充分发挥员工的意志的调节作用,至少应考虑下列三方面。

(1) 人的意志的调节作用与既定目标的认识水平相联系。企业领导和员工对安全生产目标的认识水平及其评估的正确程度决定了其意志行动。如果对安全生产目标持怀疑态度,意志行动就会消弱甚至消失。企业员工只有真正理解企业安全生产目标的社会价值才会激发克服困难的自觉性,以坚强的意志行动为实现安全生产目标而努力。因此,正确的认识是意志行动的前提。

(2) 人的意志的调节作用与人的情绪体验相联系。企业员工在安全生产中的意志行动体现其自制力,而人的自制力是与其情绪的稳定性密切相关的。有的人情绪较稳定,有的人则多变化,情绪的不稳定性对人的意志行动有着不利的影响。在安全生产中,有的人遇到某些困难或挫折时,由于情绪的波动,表现为不能自我约束,甚至发生冲动性行为,从本质上讲,这是意志薄弱的表现。人的意志的调节作用在于善于控制自己的情绪,并使之趋向稳定。

(3) 人的意志行动是后天获得的复杂的自觉行动。人的意志的调节作用总是在复杂困难的情况下才充分表现出来。因此,核电厂在安全生产活动中,应注重培养和锻炼员工良好的意志品质。

3.3.2 意志品质与安全生产

构成人的意志的某些比较稳定的方面，就是人的意志品质。意志品质存在差异。坚强的意志品质主要是指意志的自制性、果断性、恒毅性和坚定性较强，而意志薄弱主要是指意志的上述品质较差。

(1) 自制性。意志的自制性或自律性品质是一种自我约束的品质。有自制性的人善于克制自己的思想、情绪、情感、习惯、行动、举止，能恰当地把它们控制在一定的“度”的范围内，抑制与行动目的不相容的动机，不为其他无关的刺激所引诱、所动摇。意志的自制性品质对安全生产有重要影响。为了预防事故，保证安全，核电厂都有相应的劳动纪律和安全规章制度，需要员工自觉遵守。而任何制度本质上都是对人们的某些行为的约束。只有具有良好的意志自制力才能自觉地按照规章制度办事，积极主动地去执行已经做出的决定。意志的自制力是核电厂员工必备的心理素质。核电厂的许多事故是由于员工的违章操作造成的。尽管造成违章的原因是多方面的，但其中不容忽视的原因之一是某些员工从心理上不愿遵守一些必要的规章制度，因而在行动上放纵自己，导致事故发生。因此，必须加强核电厂员工的意志自制性品质的培养。

(2) 果断性。意志的果断性突出地反映在个体作决定、下判断的情况时。果断性集中反映着一个人作决定的速度，但迅速决断不意味着草率决定，鲁莽从事，轻举妄动。果断性是指个体在迅速比较了各种外界刺激和信息之后做出决断，其思想、行动的迅速定向是理智思考的结果。意志的果断性对紧急、重大事件的处理具有重要意义。在核电厂生产作业中，多数事故的发生是有先兆的。能否在事故发生前的重要时刻，自觉采取果断措施排除险情，和操作者的意志关系很大。所谓“车行千里，出事几米”。如果能在情况紧急时及时采取果断措施，就能避免事故发生。相反则可能会延误时机，造成严重后果。果断性常与思维的周密性和敏捷性相联系。例如，在核电厂生产作业活动中，在从事关键作业时，要一丝不苟地按安全技术规程操作，决不鲁莽行动，一旦出现意外危急情况，能果断排除故障和危险。

(3) 恒毅性。意志的恒毅性也称坚韧性、坚持性。坚持不懈、坚韧不拔、有恒心、有毅力和有耐力等都是恒毅性好的意志品质。虎头蛇尾、半途而废、见异思迁、缺乏耐力等则是恒毅性差的意志品质。顽强的毅力和顽固是有区别的。顽固是不顾变化了的情况，固执己见。顽强的毅力则是在意识到变化了的情况下仍坚持既定目标，务求实现。前者是一种消极的心理品质，后者是一种积极的心理品质。恒毅性对于克服生产作业中的困难，减少事故危害程度等是一种可贵的意志品质。这种品质在遇到紧急情况时特别重要。

(4) 坚定性。意志的坚定性是指对自己选定或认同的行动目的、奋斗目标坚定不移、矢志不渝，努力去实现的一种品质。意志的坚定性品质的树立取决于对行动目标的认识，认识越深刻，行动也就越自觉。认识到目标的意义越重大、影响越深远，选定目标也越坚决，坚持目标的意志努力也就越强烈。此外，意志的坚定性还与个体的理想、信念等有关。坚定的意志品质对安全生产的影响很大。安全生产是以熟练的操作技能为基本前提的。技能不是先天具备的，而是后天学得的。而员工必须经过意志的努力才有可能使操作技能达到熟练的程度。此外，员工要对本来感到厌烦的工作建立起兴趣，并能维持这种兴趣，也要有坚定的意志品质。

3.4 注意与安全生产的关系

3.4.1 注意的种类

注意是心理活动对一定事物的指向和集中。指向是指从众多的事物中选择出要反映的对象，集中是指在选择对象的同时，对别的事物的影响加以抑制而不予理会，以保证对所选对象做出清晰的反映。注意具有选择、维持、调节和监督的功能。根据注意时有无目的性和意志努力的程度，可把注意分为无意注意和有意注意。

(1) 无意注意。事先没有预定目的，也无需意志努力的注意称为无意注意。无意注意的产生同客观刺激物本身的新异性、刺激物的强度、刺激物之间的对比关系、刺激物的变化等有关。无意注意还与个体的主观状态相联系。当某一刺激物出现时，能否成为注意的对象，往往取决于人们的知识经验。个人的需要与兴趣也影响着无意注意。无意注意也依赖于个人的心理状态。当人们精神愉快时，注意范围广，注意力也容易维持；当精神疲惫时，注意的阈限上升，甚至平时能引起注意的事物也被忽略。

(2) 有意注意。有预定目的且需要意志努力的注意称为有意注意。由于不是任何刺激都能引起无意注意，即使是非常有趣和热衷的活动也存在一些枯燥乏味的成分，因此对意义重大的事物需要通过意志努力去集中注意。核电厂员工的生产作业活动是有目的有意识的，在工作过程中，难免会遇到一些困难和挫折，需要调动员工的有意注意，通过意志努力去克服。由于有意注意的参与，员工才能借助内部语言进行自我调节和控制，努力排除干扰，把注意力维持在应该注意的对象上，从而保证作业活动的顺利进行。

3.4.2 注意的品质

(1) 注意的广度。注意的广度即注意的范围大小。它又分为两个方面：其一，是在同一时间内能清楚地知觉到对象的范围大小；其二，是把握在时间上连续出现的刺激物的数量多少。心理学研究表明，人在同一时刻在空间上的注意范围是有限的。刺激物越多，呈现的速度越快，判断的出错率就越高，且越趋于对刺激物的数量低估。这是因为呈现速度越快，越易产生融合现象。但不同的感觉器官在连续接收刺激物时的注意范围有所不同。一般说，听觉比视觉可以感受更高的频率。影响注意范围的主要因素有三个。一是知觉对象的特点。一般对有规律的、集中的、互相联系的刺激，知觉范围大，注意范围广。二是任务的要求。任务要求越多，越影响注意广度。如看东西时，既要求记住形状，又记住颜色，比只要求一项时注意的范围小。三是个体的知识经验。有经验的人，对熟悉的东西，注意范围广。由此，在核电厂的生产作业中，为保证安全，提高注意的广度，首先，应把需要特别注意的事物(如设备、仪表等)尽量使其排列有序，避免杂乱无章。其次，合理分配注意任务，区分主次缓急。最后，丰富员工的经验储备，并有意识地培养锻炼员工。加强员工良好注意品质的培养，在工作中使注意保持一定的广度，可以减少信号刺激的融合现象，降低判断的错误率。

(2) 注意的稳定性。注意的稳定性是把注意力长时间地保持在所从事的活动或感知的对象上。注意的分散是与注意稳定性相反的一种现象，是注意力离开当前的活动任务而被无关刺激所吸引。引起注意分散的原因有主客观两方面。客观上，外界的干扰或无关刺激的出现，会引起注意的分散。主观因素如疲劳或健康状况不佳时，注意的稳定性也受影响，容易因无关刺激的干扰而分散。注意的稳定性存在“30 分钟效应”，即人的注意很难以同样强度维持 30 分钟以上，如果超过 30 分钟，作业效率就会明显下降，错误率上升。注意稳定性不但与注意对象的特点有关，而且存在个体差异，受个体的主观心理因素影响。核电厂的不同岗位对员工的注意稳定性的要求有所不同，运行岗位需要员工具备较高的注意稳定性。

（3）注意的分配。在同时进行两种或两种以上活动时，把注意指向不同的对象，称为注意的分配。严格地说，在同一时刻，注意不能分配，即所谓“一心不能二用”。但在实际生产活动中，注意分配不仅是可能的，而且是必要的。例如核电厂主控室操纵人员就不能只关注一种事物。记载最早进行这个问题实验的是我国北齐时文学家刘昼，所谓“左手画方，右手画圆”，实难两成（《刘子新论》卷一・专学篇）。注意的分配能力因人而异，如果同时进行两种以上的活动，分配能力差的人出错的可能性较高。核电厂主控制室操纵人员岗位对员工的注意分配能力有较高要求。

（4）注意的转移。注意的转移是依据新的任务，有意识地、主动地把注意从一个对象转移到另一个对象上。注意的转移与注意的分散不同，注意的转移是有意识地、主动地把有意注意从一个对象转到另一个对象，而注意的分散是无意识地、被动地从一个对象转到另一个对象。注意转移的程度和难易与注意对象的特点和个人的态度有关。如果前后注意对象毫不相关，注意转移的难易就依赖于两种注意对象的吸引力。个体的神经类型和个性特点也影响注意转移的程度和难易。神经类型强、平衡、灵活的人，注意容易转移。神经类型弱、不平衡、不灵活的人，注意转移慢。性格活泼、反应灵敏、意志坚强的人容易转移注意力，性格呆板、反应迟钝、意志薄弱的人注意转移困难。注意转移能力对核电厂操纵人员来说是很必要的，如果发生新的情况而没有很好地进行注意转移，忽略了新的信息，就有可能导致事故的发生或加重事故的后果。

3.4.3　注意与安全生产

在发生的事故中，由人的失误引起的事故占较大比例，而“不注意”又是其中的重要原因。研究表明引起不注意的原因有以下方面：

（1）强烈的无关刺激的干扰。当外界的无关刺激达到一定强度时，会引起作业者的无意注意，使注意对象转移而造成事故。但当外界没有刺激或刺激陈旧时，大脑又会难以维持较高的意识水平，反而降低意识水平和转移注意对象。

（2）注意对象设计欠佳。长期的工作，使作业者对仪表、显示器以及被控制系统的操作、运动关系形成了习惯定型，若改变习惯定型，需要通过培训和锻炼建立新的习惯定型。但遇到紧急情况仍然会反应缓慢，出现操作错误。

（3）注意的起伏。注意的起伏是指人对注意客体不可能长时间保持高意识状态，而是按照间歇地加强或减弱的规律变化。越是高度紧张需要意识集中的作业，其持续时间越不宜长，因为低意识期间容易导致事故。

（4）意识水平下降导致注意分散。注意力分散是指作业者的意识没有有效集中在应注意的对象上。环境条件不良，设备与人的心理不相符，身体条件欠佳，过于专心于某一事物等原因，均可引起意识水平下降，导致注意力分散。

大量事例说明，事故的发生有其客观的必然性，是不以人良好的主观愿望为转移的。因此，对于“不注意”这种自然生理现象，应从生理学和心理学角度加以解释。人从生理上、心理上不可能始终集中注意力于一点；不注意的发生是必然的生理和心理现象，不可避免，不注意就存在于注意之中；自动化程度越高，监视仪表等的工作人员越容易发生不注意。预防不注意产生差错的措施如下：

（1）建立冗余系统，为确保操作安全，在重要岗位上，多设1～2个人平行监视仪表的工作。

（2）为防止下意识状态的失误，在重要操作之前，如电路接通或断开、阀门开放等，采用“指示唱呼”，对操作内容确认后再动作。

（3）改进仪器、仪表的设计，使其对人产生非单调刺激或悦耳、多样的信号，避免误解。

3.5 案例分析

标题：安全注意力障碍导致人因失误

描述：

人的注意力是引发分析、判断和推理的前提。在核电厂运行管理中，运行人员的安全注意力就是指对电厂运行安全的关注力，是以有意或无意的方式，预防和控制工作过程中的危险、潜在隐患，保障机组安全、可靠运行。核电厂经常发生因为安全注意力障碍而导致的人因事件。国内某核电厂，在机组满功率运行时，工作人员对设备冷却水系统的某流量测量仪表及其报警回路进行年度校验，当工作负责人和监护人到达电气厂房准备开始工作时，工作负责人离开工作机柜去接电话，工作监护人代替工作负责人进行信号发生器接线。由于端子牌上的小标牌缺失，工作监护人错将其他的流量测量仪表误判断为需要进行校验的仪表。工作负责人回来后对监护人的工作点进行了检查，但没有发现错误，继续进行试验，导致机组异常。

反思和分析：

从以上描述中可以发现，工作负责人和监护人未严格遵守程序开展工作，是导致该事件的直接原因。但从心理学机制角度分析，工作中断造成注意力转移是导致事件发生的主要原因。为了保障机组安全、可靠运行，核电厂应注重安全注意力资源的开发和利用。一方面，要设法控制那些分散人员注意力的因素；另一方面，要尽可能利用那些引起和保持班组成员注意力的因素，强化班组安全管理。因此，需要了解一些关于安全注意力障碍的典型表现和出现障碍的时段及原因等心理学机制。

安全注意力障碍的典型表现：

（1）安全注意力范围狭窄。表现在作业过程中，员工的注意力没有放在所有应该关注和控制的潜在隐患以及对潜在隐患的预防措施上，而是在某些方面出现了疏忽或遗漏。

（2）安全注意力分配不当。表现在应该向安全分配的注意力却分配给了其他事务，或者虽然向安全保障分配了注意力但分配的份额不够，致使应当予以注意的安全保障事项未能得到有效注意。

(3) 安全注意力分散弱化。表现在本应该注意安全的心理活动转移或部分转移到其他与安全保障不相关或关系不大的事情上，致使不能有效控制人因事件的发生。

(4) 安全注意力转移不及时。表现在当事故从一种状态转变为另一种状态的过程中，员工未能把握时机，要么过早，要么滞后地把注意力从一个已经完成的阶段投向另一个正在进行的阶段。

安全注意力出现障碍的时段及原因：

(1) 节假日及其前后。这段时间，员工的思想、情绪受喜庆等其他事务的影响大，干扰多，如想着走亲访友或出门游玩等，因而在工作中容易出现注意力转移和分散等现象。

(2) 交接班前后的一个邻近时间段。这段时间被称为注意力低谷。交班者注意力放松，接班者还未完全进入角色。有时员工为赶在下班前完成某项任务，草草收尾，因而遗漏某个操作环节或有意违章，结果导致人因事件发生。

(3) 每天04:00～06:00时段。这段时间通常是人最困乏的时候，是人的思想较难集中、容易出现问题的时候。国外不安全事件(包括事故)按时间分布统计结果表明，不安全事件的发生率在这个时段出现峰值，这主要是人的安全注意力放松所致。

(4) 员工的生物节律和临界期或低潮期。人在这个时段的体力、情绪和智力较差或正处在变化、调整之中，机体的协调性差，思想注意力最不稳定。

(5) 在非正常环境中实施作业时。作业环境的温度过高或过低，强光或昏暗，或在噪音大、振动大等环境下工作时，员工的注意力易分散、转移到环境因素上去。

(6) 安全形势平稳之时。这时，班组从上到下都容易滋生一种自我感觉良好的心态，盲目乐观、沾沾自喜、放松警惕，放在安全上的注意力就会无形减少。

(7) 员工身体欠佳时。由于工作量超负荷、工作安排不合理等因素引起的在岗员工疲劳，不能很好恢复或产生疾病，就会使其警觉能力下降，安全注意力出现障碍。

(8) 员工受社会因素影响时。人在受到工作变动、工资待遇、家庭矛盾等社会因素影响时，人的精神状态和心理易发生变化。在涉及人的切身利益时，人就会变得较紧张、情绪不稳、注意力不集中，从而发生人因事件。

安全注意力已经构成核电机组安全运行保障必不可少的资源，核电厂在积极开发和广泛凝聚安全注意力资源时，应建立起自我约束、自我激励机制。充分调动班组方方面面的因素，倾力抓好班组安全注意力资源，唤起班组成员的广泛安全注意力，预防人因失误，实现核电厂的安全、可靠、稳定运行。

复习思考题

1. 应激状态对安全作业是有利还是不利？请分别举例说明。
2. 员工在生产作业中如何提高注意力？

第四章　核电厂作业人员的个性心理与安全生产的关系

4.1　需要、动机和兴趣与安全生产的关系

4.1.1　需要与安全生产

需要是个体和社会生存与发展所必需的事物在人脑中的反映。人的需要是多种多样的。根据需要的起源，可把需要分为自然性需要（饮食、婚配等）和社会性需要（劳动、交往等）；根据需要的对象，可把需要分为物质的需要（食物、住房等）和精神的需要（求知、审美等）。需要具有客观现实性、主观差异性、动力发展性和整体关联性的特征。美国心理学家马斯洛在20世纪40年代提出了需要层次理论。马斯洛认为，人的需要是多种多样的，按其强度的不同排列成一个等级层次，分别为生理需要、安全需要、归属与爱的需要、尊严需要、自我实现需要，这五种需要是从低级到高级逐渐上升的。需要与人在生产和生活中的安全问题有着密切联系。

（1）安全需要是人的基本需要之一，并且是低层次的需要。保障人身安全是这一层次需要的重要内容。在企业生产中，建立严格的安全生产保障制度是极其重要的。如果没有保证生产安全的必要条件，那么这种客观的不安全会使人产生心理上的不安全感。企业如果没有在曾经发生过事故的工作场所及时采取必要的安全防护措施，员工就认为这个工作场所不安全，因而影响正常的工作情绪和操作动作的协调，从而有可能导致事故发生。因此，企业应将员工的安全放在首位。核电厂在安全文化建设、安全意识、安全环境和安全防护措施等方面是极为重视的，核电厂员工一般不会被影响到工作情绪和操作的协调性。

（2）低层次的需要与安全。根据美国心理学家马斯洛提出的需要层次理论，在人的各种需要中，安全需要继生理需要之后处于第二个层次。这并不意味如果生理需要未得到实质性的满足人就会不顾安全，但如果意识到生理需要的满足还有某些欠缺，那么将对与其关联的其他层次的需要活动有所干扰。尤其是在现实社会中，人们对住房、工资收入等与生理需要相关的问题总是进行横向比较。究竟住房、工资收入等达到什么程度才能满足及满足到何种程度，只能是因人而异，很难有一个标准，这就使很多人容易因此产生压力感、挫折感，愤世嫉俗，心理不平衡。这样的心理状态如果带入工作中，显然对安全生产是十分不利的。

（3）高层次的需要与安全。高层次需要的满足更能激发人的进取心，更能使人自豪和快乐。高层次需要未得到满足较之低层次需要的未满足也就给人更严重的打击。在关系核电厂员工的名誉、地位、自尊和自我实现等方面高层次的需要，如果处理不当，可能使工作能力强、有抱负或者个性强的员工容易受到挫折，产生强烈的不满情绪，对核电厂的安全生产不利。可见，在企业建立起健全的公平竞争、人尽其才的制度和措施是非常必要的。

4.1.2　动机与安全生产

动机是一个发动和维持活动的个性倾向性。通常说"行为之后必有原因"，这个原因指的就是个人的行为动机。根据动机对行为作用的大小和地位，可以将动机分为主导动机和非主导动机。根据引起动机的原因，可以将动机分为内部动机和外部动机。从动机与活动的关系分析，动机具有引发功能、指引功能和激励功能。对个人动机的模式具有决定性的影响作用的因素有三种，分别为嗜好与兴趣、价值观、抱负水准。动机与人在生产和生活中的安全问题有着密切联系。

(1) 美国心理学家耶克斯和多德森认为，总体而言，动机越强，效果越好。对具体活动，动机强度与工作效率之间是一种倒 U 形曲线关系。中等强度的动机最有利于任务的完成。各种活动都存在一个最佳的动机水平，它随任务性质的不同而变化。较容易的任务中，效率随动机的提高而上升；随着任务难度的增加，动机的最佳水平有逐渐下降的趋势。这就是著名的耶基斯—多德森定律(简称倒 U 曲线)，见图 4-1。

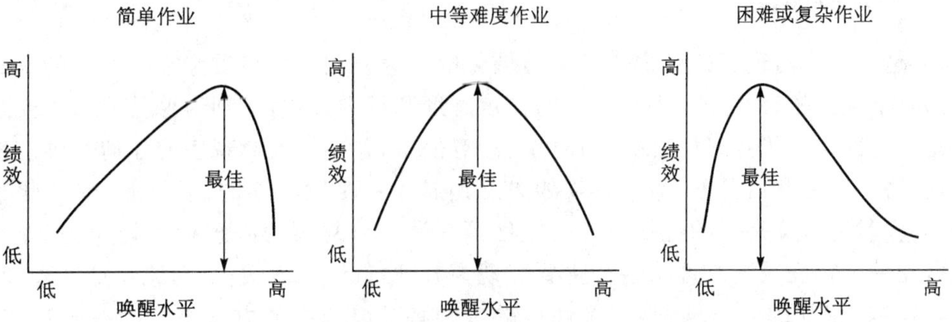

图 4-1　耶基斯—多德森定律(简称倒 U 曲线)

(2) 人的各种行为都是由其动机直接引发的。为了克服生产中的不安全行为，核电厂员工应自觉地把安全问题放在首位，建立起安全生产，避免因发生事故而给核电厂安全带来危害的良好动机。在生产实际中，员工如果出于个人私利或侥幸心理违章操作，这种错误的动机将可能导致严重的后果，是安全生产的重大隐患。建立安全生产的良好动机是十分必要的，但同时也要注意，如果员工的这种动机过于强烈，反而会使心理过分紧张甚至恐惧，操作时容易混乱，动作不协调，更易导致事故发生。

4.1.3　兴趣与安全生产

兴趣是个体积极探究某种事物的认识倾向。兴趣与需要、认知、情绪、意志和能力等都有着密切的联系。在核电厂的生产操作过程中，员工对所从事的工作是否感兴趣，与他在生产中的安全问题密切相关。兴趣在核电厂安全生产中的作用主要表现在以下几个方面：

(1) 员工如果对所从事的工作感兴趣，那么首先表现为对兴趣对象和现象的积极认识，这种积极认识促使员工对所使用的系统设备的性能、结构、原理和操作规程等作全面细致的了解和熟悉。在操作过程中，员工会密切关注系统设备是否处于正常运行状态。如果系统设备或周围环境出现异常情况，他会及时察觉，及时做出正确判断，并迅速采取适当行动，将事故消灭于萌芽状态。

（2）员工对本职工作的喜好，可以使员工在平淡、枯燥中感受到兴趣，在工作时情绪积极，心情愉快。良好的情绪状态有助于保持旺盛精力，减少疲劳，以及操作准确和及时察觉生产中的异常情况。

（3）兴趣是最好的老师。兴趣可促使员工积极获取所需要的知识和技能，不断提高员工的工作能力，使员工对操作过程中出现的各种异常情况都有能力采取相应措施，防止事故的发生。

（4）因一时新奇而产生的短暂而不稳定的兴趣，反而会对安全生产产生危害。因为新奇感过后，人更容易厌倦，则可能会将兴趣转移到别的地方，这对于本职工作往往会有消极影响。

4.2 性格与安全生产的关系

4.2.1 性格概述

性格是一个人对现实的稳定态度和习惯化的行为方式。性格贯穿在一个人的全部活动中，是构成个性的核心成分。人对现实的稳定态度和行为方式，受到道德品质和世界观的影响，因此人的性格有优劣好坏之分。还应当注意的是，并不是人对现实的任何一种态度都代表他的性格。在有些情况下，对待事物的态度是属于一时情境性的、偶然的，那么此时表现出来的态度就不能算是他的性格特征。性格是一种十分复杂的心理构成物，它有着各个侧面，并形成一个特征系统。性格特征主要表现为态度特征、意志特征、情绪特征和理智特征。性格不是各种特征的简单堆积，而是性格的多种特征以独特的方式组成的一个完整结构。性格的结构具有完整性、复杂性、稳定性与可塑性、典型性与个别性等特点。

性格的类型是指一类人身上所共有的性格特征的独特结合。许多心理学家力图将性格加以分类，但由于性格本身的复杂性，至今还没有一个公认的分类法，以下是三种常见的分类方法：其一，按理智、意志、情绪在性格结构中所占优势来划分性格类型；其二，最普遍采用的分类是按个体心理活动倾向于外部或倾向于内部来确定性格类型；其三，按个体独立性的程度把性格分为顺从性和独立性。性格这种心理现象是通过人的言语、行为和外在的风貌表现出来的。性格的外部表现为研究性格提供了依据。通过对一个人外部表现的研究，可以判断他的性格。心理学家已经发明出许多办法来进行性格测定，常用的有投射法、观察法、自然实验法、谈话法和作品分析法等。

4.2.2 性格的形成与发展

性格的形成主要受以下几个因素的制约。

（1）人的生理素质。性格是以一定的生理素质为前提的。没有素质这个生物学前提，性格就无从产生。此外，人的身高、体型、外貌等生理上的特点，由于经常暴露于大众审美和社会习俗的品评之中，无疑会影响一个人性格的形成。还有人的智力也影响着某些性格特征的产生。

（2）经历和环境。人的性格的发展很大程度上取决于经历和环境。马克思曾说过，人的意识来自于环境的刺激。不同的家庭环境、教育环境、社会环境、文化环境，都会在人的性格发展中留下烙印。同样,人的经历也会影响到性格的发展。一般短暂的、刺激性不强的经历,对性格的正常发展影响较小;而长时间或刺激强烈的经历,则更能改变一个人的某些性格特征的发展轨迹。

(3) 教育。人对教育的态度和实际受教育的状况,是影响其性格形成的又一个重要原因。家庭教育、学校教育和社会教育培养或影响着人的理想、信念和世界观。教育者的言行和观念,可直接灌输给受教育者。成年性格的改变可依赖于他的自我教育。通过个人的主观努力,可以使自己的性格中一些不符合其世界观或社会要求的特征加以改变,并可以根据需要不断地调整自己对现实的基本态度和行为方式。

4.2.3 性格与安全生产

4.2.3.1 易引发事故的性格类型

人的性格有优劣好坏之分。不良的性格特征容易导致事故发生,而优良的性格则是良好的心理保证。大量实例研究表明,事故的发生率和员工的性格有着非常密切的关系,无论技术多么好的操作人员,如果没有良好的性格特征,也常常会发生事故。具有以下性格特征者,一般容易发生事故:

(1) 攻击型性格。妄自尊大,骄傲自满,在工作中喜欢冒险,喜欢挑衅,喜欢与同事闹无原则的纠纷,争强好胜,不接纳别人的意见。虽然一般技术比较好,但也很容易出大事故。

(2) 孤僻型性格。性情孤僻、固执,心胸狭窄、对人冷漠,其性格多属内向,与同事关系不好。

(3) 冲动型性格。性情不稳定,易冲动,情绪起伏波动很大,情绪长时间不易平静,因而在工作中易忽视安全工作。

(4) 抑郁型性格。心境抑郁、浮躁不安,由于长期心境闷闷不乐,精神不振,导致干什么事情都引不起兴趣,因此很容易发生事故。

(5) 马虎型性格。对待工作马虎、敷衍、粗心,常引发各种事故。

(6) 轻率型性格。在紧急或困难条件下易惊慌失措、优柔寡断或轻率决定、鲁莽行事。在发生异常事件时,常不知所措或鲁莽行事,使一些本来可以避免的事故发生。

(7) 迟钝型性格。感知、思维或运动迟钝,不爱活动、懒惰。由于在工作中反应迟钝、无所用心,亦常会导致事故发生。

(8) 胆怯型性格。懦弱、胆怯、没有主见。由于遇事退缩,不敢坚持原则,不辨是非,不负责任,因此在某些特定情况下,也很容易发生事故。

上述不良性格特征,对操作人员的作业动作会产生消极的影响,对安全生产极为不利。但由于工作岗位的不同以及作业条件的差异,具有这些不良性格特征的人,发生事故的可能性也有很大差异。不过,从安全管理的角度考虑,平时应对具有上述性格特征的人加强安全教育,进行安全生产的督促检查。同时,尽可能把他们安排在发生事故可能性较小的工作岗位上。而对某些关键岗位或较易发生事故的岗位,在选拔员工时,必须考虑与职业有关的良好的性格特征。

4.2.3.2 性格与安全管理

人的性格可以因经历、环境、教育等因素而改变。在经历、环境、教育因素的影响下,人可以不断地克服不良性格，培养优良的性格特征。在良好性格的形成过程中，教育和实践具有重要意义。一个人的性格具有相对稳定性，不是一朝一夕就能改变的。为了取得安全教育的良好效果，对性格不同的员工在进行安全教育时应该采取不同的教育方法。

安全管理工作是保证核电厂安全、可靠运行的关键环节。核电厂安全管理需要考虑员工性格的因素。对一些危险性较大或负有重大责任的工作岗位，应对上岗人员进行性格上的认真了解。对具有明显的不良性格特征的人应坚决调离。对于留下来的人员，应该对他们进行动态跟踪，了解他们的思想状况和性格变化。

应该特别注意的是：大胆与轻率、果断与武断、谨慎与胆小属同一倾向的性格特征，不像勇敢与胆怯、慎重与鲁莽这类对立倾向的性格特征那样界限分明而容易区分，由于两相接近不好分辨，有时会侧重其倾向性而忽略其优劣的界限以及潜在的发展趋势。核电厂生产管理，特别是安全管理，要特别重视对这类同向性格特征的区分，需要借助心理学专业知识，应用专业方法对性格进行有效测定，避免因辩识失误导致严重的后果。

4.3 气质在安全生产中的作用

4.3.1 气质概述

气质是指人的心理活动的动力特征，主要表现在心理过程的强度、速度、稳定性、灵活性及指向性上。人们情绪体验的强弱，意志努力的大小，知觉或思维的快慢，注意集中时间的长短，注意转移的难易，以及心理活动是倾向于外部事物还是倾向于自身内部等，都是气质的表现。气质是人格形成的基础，是人格发展的自然基础和内在原因。人格是构成一个人的思想、情感及行为的特有统一模式，这个独特模式包含了一个人区别于他人的稳定而统一的心理品质。

对于气质的本质，巴甫洛夫通过长时间对动物高级神经活动的研究，确定了人的神经系统具有强度、灵活和平衡性三个基本特征。这三种特征的不同组合，构成了各种各样的人的神经系统。巴甫洛夫根据实验和观察，把高级神经活动划分为四种基本类型：兴奋型、活泼型、安静型和抑制型，它们分别决定了人的四种气质类型：胆汁质、多血质、黏液质、抑郁质。神经系统的基本类型是气质的生理基础，而气质则是神经系统基本类型的外在表现。研究气质类型有助于了解人的活动特点的先天因素，发扬气质的积极方面，克服和改造消极的方面，做到人尽其才，才尽其用。

人的神经系统的特性可以在心理学家的实验室里进行测定，但需要专门的仪器设备和丰富的测试经验，所以这种方法还未普及。目前普遍使用观察法判断一个人的气质。因为人的气质特点总是同一定的活动联系在一起的，并外化为一定的行为。因此可以通过观察人的行为来分析其气质特点。在核电厂的生产实际中，很多岗位特别是关键岗位，可以在心理学家的指导下，结合本岗位的特点，制定气质测量的标准。

4.3.2 气质在安全生产中的作用

人的气质特征越是在突发性的和危急的情况下越是能充分和清晰地表现出来，并本能地支配人的行动。因此，同其他心理特征相比，在处理事故这个环节上，人的气质起着相当重要的作用。事故出现后，为了能及时做出反应，迅速采取有效措施，员工应具有一些特定的心理品质：能及时体察异常情况的出现；面对突发情况和危急情况能沉着冷静，控制力强；应变能力强，能独立做出决定并迅速采取行动等。这些心理品质大都属于人的气质特征。

为了妥善处理事故，各种气质类型的员工都需“扬长避短”，善于发挥自己的长处，并注意对自己的短处采取一些弥补措施。比如，抑郁质倾向明显的人显然不适于处理事故。那么在发生异常情况后，如自己没有把握处理好，应尽早求助于其他人员。在预防事故发生方面，也应注意对气质特性的扬长避短。比如，具有较多胆汁质和多血质特征的员工应注意克服自己工作不耐心、情绪或兴趣容易变化等特点，发扬热情高、精力旺盛、行动迅速、适应能力强等特点，对工作认真负责，避免操作失误，并及时察觉异常情况的发生。黏液质的员工应在保持自己严谨细致、坚韧不拔特点的同时，注意避免瞻前顾后、应变力差的错误。抑郁型的员工应在保持自己细致敏锐的观察力的同时，防止神经过敏。

4.3.3　特殊职业和岗位对气质的要求

某些特殊职业和岗位，如宇航员、核电厂操纵人员、大型动力系统的调度员、飞行员等，具有一定的危险性，工作过程中不确定和不可控的干扰因素多，从业人员负有重大责任，要经受高度的身心紧张。这类特殊的职业要求从业人员冷静、理智、胆大心细、应变能力强、自控力强、精力充沛，对人的气质提出了特定要求。从事这类职业，保证安全是贯彻始终的工作原则和目的。因为这类职业关系着从业人员及更多人员的生命安全，关系着大量国家财产的安全。在这种情况下，气质特征影响着一个人是否合适从事该职业。因此，在选择这类职业的工作人员时，必须测定他们的气质类型，把是否具有该种职业所要求的特定气质特征作为人员取舍的根据之一。核电厂关键岗位对从业人员的气质同样存在特定要求，应把宇航员和飞行员等在气质类型测定方面的经验，应用于核电厂关键岗位人员气质测定和选拔工作中。

4.4　能力与安全生产的关系

4.4.1　能力概述

心理学上把顺利完成某种活动所必须具备的那些心理特征，称为能力。能力反映着人活动的水平。能力总是和人的活动联系在一起的，只有从活动中才能看出人所具有的各种能力。能力是保证活动取得成功的基本条件，但不是唯一的条件。活动的过程和结果往往还与人的其他个性特点以及知识、环境、物质条件等有关。但在其他条件相同的情况下，能力强的人比能力弱的人更易取得成功。

能力与知识、技能既有区别又有联系。知识是人类社会实践经验的总结，是信息在人脑的储存；技能是人掌握的动作方式。能力与知识、技能的联系表现在：一方面，能力是在掌握知识、技能的过程中培养和发展起来的；另一方面，掌握知识、技能又是以一定的能力为前提的。能力制约着掌握知识、技能过程的难易、快慢、深浅和巩固程度。它们之间的区别在于，能力不表现在知识、技能本身而表现在获得知识技能的动态过程中。

有机体的某些天生的解剖生理特点，特别是神经系统、感觉器官和运动器官的生理特点，称为素质。素质是能力产生的自然前提，能力是在素质的基础上产生的，但能力并不是人生来就具有的。素质本身并不包含能力，也不能决定一个人的能力，它仅提供人某种能力发展的可能性。如果不去从事相应的活动，那么具有再好的素质，能力也难发展起来。人的能力是在某种先天素质同客观世界的相互作用过程中形成和发展起来的，而素质制约着能力的发展。

人要顺利地进行某种活动，必须具有两种能力：一般能力和特殊能力。一般能力是在许多基本活动中都表现出来，且各种活动都必须具备的能力。比如，观察力、记忆力、想象力、操作能力、思维能力等，都属于一般能力。这几种能力的综合也称为智力。特殊能力是在某种专业活动中表现出来的能力，例如，绘画能力、交际能力等。要顺利地进行某种活动，必须既具有一般能力，又具有与这项活动相关的特殊能力。特殊能力是建立在一般能力的基础上的，还可能是一般能力的特殊发展；特殊能力的发展同时也能带动一般能力的发展。

能力测量是运用经过精心研究、设计出的各种标准化量表对人的能力进行定量分析，并用数值表示其水平的一种方式。能力测量按照所测能力的类别，可分为一般能力测量、特殊能力测量和创造力测量。能力测量是一项专业性很强的工作，要由心理学工作者和经过专门训练的人员承担。一般人切忌乱编滥用，以防产生不良的社会效果。

4.4.2 核电厂岗位对能力的要求

核电厂关键岗位对能力的要求。关键岗位的员工要从事危险性及负有重大责任的活动，因此这类岗位不但要求员工有着较高的专业技能，而且要具有较强的特殊能力。选拔这类岗位的员工时，必须考虑能力问题，应该进行能力测验，以确定所选人员是否具有该岗位所要求的特殊能力及水平。实践证明，经过能力测验，辨别出能力强者和能力弱者，对弱者重新进行岗位技能培训或淘汰，可以更有效地保证生产安全，减少事故发生。

核电厂普通岗位对能力的要求。为了保证安全生产，普通岗位对于特殊能力也有一定的要求。岗位技能的形成受能力，尤其是特殊能力、劳动态度、经验和岗位培训等因素的影响。心理学家通过试验证实，在培训情况大致相同，态度和经验可控制的条件下，员工的工作效率与能力存在很大相关性。普通岗位的员工在特殊能力上普遍存在着明显的差异。这种差异不但导致工作绩效的不同，而且对安全生产也产生重要影响。能力的不同导致员工体力消耗的不同，工作效力高的人无用动作要少得多，他们善于保持体力，不易感到疲劳。而疲劳是事故的温床。能力强的人在工作上有信心，精神焕发；而能力差的人则会因不称职而感到苦恼，情绪低落。能力强的人工作起来从容不迫，注意分配均衡，动作规范；而能力差的人则易紧张，手忙脚乱，易产生操作失误。

4.4.3 能力与安全生产

任何工作的顺利开展都要求人具有一定的能力。人的能力不但影响着工作效率，而且也是能否搞好安全生产的重要制约因素。因此，在核电厂安全管理工作中，应根据员工能力的大小合理地分配工作，用其长，补其短，充分发挥员工的潜能。

了解不同岗位应具备的能力。通过一些事故分析(包括过去、现在及将来可能发生的事故，以及同行业曾经发生过的事故)，掌握工作性质，了解从事该工作的员工必须具备的能力及技术要求，作为选拔员工、分配员工工作及培训员工能力的一种依据。

进行能力测评。选拔员工或考核员工时，不应把文化知识和技能作为唯一的指标，在可能的情况下，还应根据工作岗位的要求，采用相应的方式进行能力测评。特别是那些对员工的能力有特殊要求的作业或工作岗位，更应进行一定的特殊能力测定。

工作安排必须与员工的能力相适应。在安排、分配员工工作时，要尽量根据其能力发展水平、类型，安排适当的工作。工作必须与员工的能力相适应，这样才能激发他们对工作的兴趣和热情。只有员工深信自己的能力确实和工作高度协调时，对工作的兴趣才会强烈而巩固。

提高员工的能力。环境、教育和实践活动对能力的形成和发展起着决定性作用。员工的能力可以通过培训而提高，尤其是安全生产知识以及在紧急状态下的应变知识，都可以通过培训让员工掌握，从而增强员工的安全意识和应付偶然事件的能力，以保证安全生产。此外，一个人的能力是个体所蕴藏的内部潜力。在通常情况下，人的潜能远未能充分发挥，如何通过激励手段，发挥员工的潜能，保证安全生产，是核电厂安全管理面临的一个新课题。从个体心理因素来说，生产（工作）的绩效是能力和动机这两个因素相互作用的结果。工作绩效＝能力×动机。因此，提高员工的工作能力和激发员工的工作动机是提高员工的工作绩效和保证安全生产的最有效途径。

4.5　案例分析

标题：核电厂关键岗位对人格特质的要求

描述：

人格是解释一个人为什么以特定方式进行行动的、看不见的结构与过程。尽管这种结构与过程是内隐的，不是能直接观察到的，但它在很大程度上可影响到员工的绩效。导致核电厂人因失误的一个重要原因，就是从业人员的人格特质无法满足岗位要求。国内某核电厂曾发生过由于在放射性环境下工作心理紧张，工作人员未认真核对标识就进行端接，导致同一柱内坐标不同的两根中子温度测量通道与环路电缆接反，造成主线计划延后 5 小时的事故。

反思和分析：

分析其深层次的原因，工作人员的人格心理特质是影响其工作表现的重要因素。因此，员工人格特质与岗位相匹配是保证核电厂安全运行，减少人因失误的重要前提。人格特质在人员心理选拔领域中有较广泛的应用，确定核电厂关键岗位人格心理特质的测评维度，是核电厂关键岗位职业适应性研究的重要课题。国内外专家开展了大量核电厂关键岗位的职业适应性研究，人格心理特质是心理测评项目的重要内容。众多研究表明，构建良好的人格特质量表可以对工作进行很好的预测（与绩效的相关性为 0.23～0.50）。人格心理特质包括如下 6 个维度。

（1）合群性。合群性反映的是个体对建立、保持或恢复与他人或集体的积极情感关系的关注。核电厂员工大都是以一个班组的形式进行工作，需要班组成员之间相互联系、相互协作，信息沟通，以保证有效地工作。

（2）决断性。核电厂员工的决断性、敢为性对缓解事件后果非常重要。高的决断性是指个体敢于冒险，有信心。低的决断性表现为缺乏自信心，拙于发言，凡事采取观望的态度。

（3）自律性。核电厂员工，特别是操纵人员的工作具有一定的单调性和长期性，要求员工有较高的自律性。自律性强者有较高的组织性，与社会组织有较强的认同。相反则表现为随意性强、放任自己、个性强。

（4）情绪稳定性。核电厂员工遇到紧急情况时，所面临的精神压力大。一个优秀的员工应该情绪稳定，不易受环境刺激而变得神经质。

（5）风险处理。紧急情况下，核电厂员工是否采取行动与他对于风险的认知、风险条件下处理问题的方式密切相关。风险处理方式影响了员工在不确定状态下的选择。

（6）成就愿望。成就愿望是个体希望从事具有挑战性的活动，在活动中追求完美的结果和优异的成绩，并希望超越他人的倾向。

复习思考题

1. 与事故有关的不良性格特征有哪些？
2. 预防事故时应如何对气质特性扬长避短？

第五章 核电厂关键岗位职业适应性研究

5.1 职业适应性概述

5.1.1 职业适应性概念

职业适应性是指一个人从事某项工作时必须具备的生理、心理素质特征。它是在先天因素和后天环境相互作用的基础上形成和发展起来的。职业适应性不一定是优秀性，而是一个人是否和其职业相适应的问题。职业适应性包括很多内容，但由于场合不同，可能会有不同的强调要点：工作效率、无事故倾向、最低能力和特性要求、熟悉工作速度、意愿适应和个人背景。

职业适应性测评就是通过一系列科学的测评手段，对人的身心素质水平进行评价，使人与职业匹配合理、科学，以提高工作效率、减少事故。事故倾向性与职业适应性是有严格区别的。事故倾向性是指在一定时期内、特定环境下，具有潜在的诱发事故的生理、心理素质特征，它既是稳定的，也是可变的。即人的诱发事故的心理、生理素质是稳定的，但在特定时期和特定环境下，此种特性会被高度激发而诱发事故。

事故倾向性研究的主要目的是筛选出职业人群中易发事故的个体，即事故倾向性人员，以降低事故率。它反映的仅是安全的要求。事故倾向性检测对某些职业是强制性的。如飞行员与驾驶员的检测，在许多国家已经立法。而职业适应性测评一般不具有强制性，仅作为人才选拔和留用的参考。另外，职业适应性不仅反映安全要求，而且还有效率要求。因此，职业适应性概念涵盖面比事故倾向性概念相对广泛。

职业适应性可分为一般职业适应性和特殊职业适应性两大类。一般职业适应性指从事一般职业所需的基本生理、心理素质特征。特殊职业适应性指从事某一特定职业所需具备的特殊生理、心理素质特征。对个人从事某项具体工作的职业适应性测评，包括一般职业适应性测评和特殊职业适应性测评两方面。

5.1.2 职业适应性研究的意义

(1) 科学选拔与合理使用称职员工。根据不同的职业和岗位特点，确定评价标准及指标，并对求职者进行测定，评价其职业适应性等级。对已上岗的员工定期进行测试和评价，建立职业适应性的动态数据库，以便对员工进行动态管理。

(2) 为制订合理有效的职业和岗位培训计划提供科学依据。

(3) 指导人们选择适合自己特性和条件的职业和岗位。通过对求职者的生理、心理属性进行综合测试、评价，对照不同职业或岗位的要求，分析被试者适合于何种职业或岗位，以利于个人能力的充分发展。

5.1.3 职业适应性研究状况

(1) 一般职业适应性研究现状。一般职业适应性研究的历史较为久远。1934 年,美国劳工部就业保险局组织有关专家进行了为期 10 年的专门研究。他们对美国 2 万个企业的 7.5 万个职务进行了调查分析,确定了 20 个职业模式和 10 种能力倾向,由此形成了很有影响力的“一般能力倾向成套测验”(GATB)。1947 年,GATB 被美国劳工局人力资源部正式采用,并在以后的研究中日趋完善。其后,世界上许多国家,如日本、澳大利亚和加拿大等国,也使用了 GATB 系统,并根据本国情况作了修订,收到良好的效果。国内从 20 世纪 90 年代起,对一般职业适应性研究已取得了长足的进展,相继有学者根据中国国情对 GATB 进行修订,这些研究工作对 GATB 在我国的使用提供了经验和依据。随着我国改革开放和社会主义市场经济的发展,企业用人制度和策略发生了很大变化,对人才的职业能力测评与咨询已成为急需。近年来,中国科学院心理研究所等一些科研机构和高校已开展了人才测评的研究,开发了一系列的一般职业能力测评量表和专项能力测评量表;各地的人才市场、劳动力市场也开始开展人才素质测评服务。

(2) 特殊职业适应性研究状况。特殊职业适应性研究根据各个特殊职业的不同有其特殊性。20 世纪初,尤其是第一次世界大战期间,对飞行员选拔的需要促进了飞行员职业适应性的研究,同时带来了心理测量学的发展。继飞行员职业适应性研究后,又相继开展了宇航员、驾驶员、潜水员等特殊职业适应性方面的研究。在我国,特殊职业适应性研究越来越得到重视。其中,对飞行员的选拔和培训是特殊职业适应性研究工作的开端。我国飞行员心理选拔研究始于 20 世纪 50 年代。1987 年之后,心理测评指标正式成为录取条件,并在 20 世纪 90 年代后期组织多个科研单位、上百位专家于 1999 年完成了空军招飞心理选拔测评系统,对学员的跟踪监测表明,其符合率达到 88%。

(3) 核电厂关键岗位职业适应性研究现状。随着人机工程学的应用,核电厂设计者在充分考虑核电厂功能的同时,更注重为核电厂员工创造一个适宜的工作环境,使之符合员工的生理和心理特征,让员工能够在安全、高效、健康的环境中工作,从而使机对人有最大的适合度。尽管这样的设计为核电厂的安全提供了一定的保障,但核电厂事故还是时有发生。对核电厂事故的分析表明,约有 60%以上的核电厂事故是人的因素造成的。人的事故预防学研究表明,多数事故往往发生在较少数且较为集中的人员身上。也就是说,某些人员重复发生事故的概率高,他们具有易发事故的倾向,这主要与其生理、心理素质有关,即一部分人员适宜从事某项工作,而一部分人员则不适宜某项工作。因此开展核电厂关键岗位职业适应性的研究及应用具有重要意义。

国外核电先进国家对核电厂关键岗位职业适应性普遍有一些研究和应用。美国核管会曾专门针对核电厂工作人员的情绪稳定性进行了研究,对各个工作岗位的任务进行分析,得出了一个利用多个心理测量量表进行心理评价的结论。美国核学会对合格核电厂操纵员的心理特质也提出了明确要求。苏联在切尔诺贝利核事故之后,对核电厂操纵员的心理特质结构进行了广泛的调研和测试,建立起了成熟的操纵人员心理生理测试实验室。该实验室的主要工作是对核电厂的现有操纵人员作定期心理测试,以判断其是否能继续胜任操纵人员工作,或者应进行心理治疗后再工作;对将要从事操纵工作的人员进行心理测试,其测试结果可供核电厂在遴选操纵员时作参考。美国等国家和地区都对操纵人员的心理健康提出了明确的要求。核电厂操纵人员不应有以下的心理记录：① 任何足以引起警觉性降低、判断力变差、运动能力不足的心理状态与条件，包括个人的情绪与行为问题；② 性格异常，且已干扰其行为；③ 精神反常；④ 自杀倾向；⑤ 饮酒过度；⑥ 药物依赖；⑦ 其他显著的心理、行为或性格异常，包括焦虑、强迫、恐惧反应等。

在我国，虽规定了核电厂操纵人员的执照申请标准，但考核的内容主要侧重人的身体条件和操作技能，缺乏对人的生理、心理素质的测评。因此，应尽快进行核电厂关键岗位职业适应性的心理测评研究。通过分析核电厂关键岗位的职业特点，研究建立核电厂关键岗位的职业适应性心理测评项目，在实际工作中推广应用并日趋完善，为提高核电厂员工整体素质，提高核电厂安全性、可靠性奠定基础。

5.2　职业适应性测评

5.2.1　职业适应性标准的确定方法

职业适应性标准，一般是在运用下述三个方法进行调查研究的基础上确定的。

(1) 岗位分析法。该方法分析各种岗位的工作任务、工作条件、工作方式以及工作结果等，并在此基础上描述各种岗位员工必须具备的能力和特性。

(2) 作业人员分析法。该方法是对企业中从事相同岗位的人群中的优秀者、中等者和较差的人的能力与特性进行比较性的研究，然后找出这个岗位大体所需要的能力和特性。

(3) 统计分析法。该方法是对各种岗位的作业者所具有的能力与特性进行调查，统计分析哪些岗位需要怎样的能力与特性，以此来考虑某个岗位的适应性标准。

应该注意，在描述各种岗位的完成能力时，应注意与上岗时的培训可能性结合起来。另外，职业适应性标准应随着人的经验水平、要求的适应程度、企业的培养方法等因素的变动而相应调整。

5.2.2　职业适应性测评

职业适应性测评包括测试和评估两个方面。职业适应性测试是指使用各种仪器和量表对被试人员的生理、心理素质进行检测。职业适应性评估是指根据对职业适应性测试数据的综合分析，对被试人员的职业适应性等级给予评价。

(1) 职业适应性测试项目。职业适应性测试的项目可分为生理测试项目和心理测试项目两大类。生理测试项目包括：身高、眼高、肩高、臂长、腿长、左右手握力、腿力、腹力、背力、体重、视力、视野、色觉、听力、心功能、肺功能、血压、神经症、精神病等。心理测试项目包括：静视力、动视力、深视力、夜视力、简单反应、复杂反应、速度估计、操纵机能、注意力、记忆力、智力、人格、态度、情绪等。测试应保证测评结果有较高的信度和效度。

(2) 职业适应性测试方法。生理项目可采用常规的医疗仪器和测量工具进行测试。心理项目的测试比较复杂，一些项目可以用单件心理测试仪器进行测试，而另外一些心理项目则通常采用量表形式用纸笔完成检查。近年来，随着计算机技术的飞速发展，出现了两类计算机辅助测试系统，一类是微机模拟测试系统，其特点是由软件自动生成测试信号，用键盘或专用控制设备做出响应，微机自动进行数据处理。另一类是计算机综合测试系统，其特点是问卷表格、单件仪器和计算机信息管理系统综合起来。计算机辅助职业适应性测试系统使检测过程程序化、数据处理自动化，因而大大提高了检测效率。

5.3 核电厂操纵人员职业特点和行为特点分析

5.3.1 职业特点

核电厂操纵人员一般在主控制室内通过仪器、仪表对整个核电厂的状态进行监控，并完成反应堆的启动、功率运行、试验、停堆等相关操作。他们的工作是监控性质的。在日常操作中，需对主要的核电厂参数进行监控。如果发现某些参数的取值和正常值有偏差，则需考虑出现这些差异的原因，并采取相应的措施。专家列出了监控工作的 5 项重要内容：计划、教学、监控、干涉和学习。计划是设定目标，制订计划；教学是指导系统如何完成目标、计划；监控包括决定获取哪些信息，并理解信息；干涉是当操纵人员认为自动控制系统不能完成某项功能时采取干预措施；学习是操纵人员在工作中不断完善其对系统运行、系统特点的认识，并将这些新知识运用到实际操作中 。

核电厂操纵人员的监控工作一般和参数显示系统、控制系统以及专家辅助系统相联系，而且以班组为单位进行工作，这要求他们具有较强的信息交流与合作能力。通过对核电厂的操作规程进行分析可以发现，操纵人员需经常读取众多的温度、压力参数，需与现场操纵人员进行信息交流，通过获取的信息判断核电厂处于某种状态，从而选择正确的操作步骤。

另外，在发生初因事件的情况下，操纵人员恢复某项功能的时间是有限的，这要求操纵人员能够在有限的时间内从众多仪表中获取关键参数，从而形成正确的判断。这种能力在某些仪表失效使得获取的信息发生冲突的情况下显得尤为重要。

5.3.2 行为特点分析

作为危险职业工作人员的核电厂操纵人员，必须在紧急情况下能迅速作出决策。操纵人员的这一行为因其所处工作环境和责任而具有其独特之处。因此，必须对操纵人员的工作任务进行分析。

核电厂操纵人员的工作分析包括相关资料分析、当前考核方法分析和访问相关的现场操纵人员（包括高级操纵员、操纵员和技术人员）。工作任务分析的重点是那些与心理特质相关的行为特点。工作分析采用关键事件法，针对某个特定的操作程序（关键事件），询问现场操纵员、优秀操纵员和一般操纵员，分析他们之间的区别。关键事件应是那些需要操纵员完全参与或在核电厂中经常发生的事件。通过以上分析，找出与操纵员行为密切相关的心理特质维度。然后，通过专家选择打分确定重要维度。

有研究表明，核电厂操纵员的行为特点包括：长时间保持警惕，班组轮流，组内交流与合作，高风险和责任等。在紧急情况下，操纵员的下列行为特点尤为重要：主动性，愿意采取措施来缓解事件后果，清楚了解自己的责任和操作顺序，动作坚决等。

5.4 关键岗位人员(操纵人员)职业适应性心理测评研究

5.4.1 心理测评项目组成

在国内一项核电厂操纵员职业适应性研究中,通过与多位核电厂专家、模拟机教员、培训中心人员、值班长交流,并参考美国核协会的核电厂操纵员执照发放标准和我国核电厂操纵员执照考核标准,以及操作规程、核事故的分析结果,认为核电厂操纵员工作特点和要求如下:① 熟练掌握相关知识、规程;② 感觉敏锐,善于分配注意力,能快速、正确获取关键信息;③ 具有较强的逻辑推理能力,能够分析复杂情况下的电站状态;④ 具有足够的工作记忆容量,能够记忆一些关键的参数取值;⑤ 心理警觉性要高,必须随时注意核电厂仪表、重要参数等的变化;⑥ 采用班组轮流制度;⑦ 不自由,操纵员上班时处于空间有限的控制室内;⑧ 强调团队精神;⑨ 高风险,精神压力大;⑩ 高责任,操纵员的工作态度对核电厂正常运行至关重要;⑪ 要敢于采取行动,尤其是在紧急的情况下;⑫ 需要细心和恒心;⑬ 需要有较高的自律性。核电厂操纵员的一般性知识、核电厂知识、操作知识等已在操纵员执照考核标准中有了明确的定义,但作为职业适应性测评一个重要组成部分的心理测评部分,并未在其中进行明确的说明。在核电厂操纵员工作特点和要求的基础上,参考相关危险职业领域人员心理选拔系统方面的研究,研究认为,核电厂操纵员的心理测评内容应包括认知能力、人格特质和心理健康三个方面。

(1) 认知能力。认知能力在人员评价、选拔领域中有广泛的应用,国外的一项调查发现,认知能力在人员测评中的应用频率达到 87%。操纵员的认知能力包括 6 个方面:① 观察力,包括读取各种仪表的能力、比较刻度的能力;② 操作能力,指熟练操作各种机械控制的能力,包括基本的眼、手、脚协调能力;③ 注意力,包括是否能集中注意力,是否善于分配注意力;④ 记忆力,不仅包括长期知识记忆能力(需记忆电站各个系统的主要功能、相互之间的关系、主要操作规程作用以及内容等),而且还包括短期的工作记忆容量(需要记忆一些主要仪表的读数);⑤ 数量分析能力,能正确、快速进行数量分析;⑥ 逻辑综合判断能力,能对发生的情况进行分析、判断,选择正确的措施。

(2) 人格特质。人格特质在人员测评领域中有较广泛的应用。人格心理特质包括合群性、决断性、自律性、情绪稳定性、风险处理、成就愿望等 6 个维度。

(3) 心理健康。心理健康是操纵员正常操作的基本要求。研究认为,在操纵员心理健康方面包括 9 个维度:① 躯体化,主要反映主观的身体不适感;② 强迫症状,无法阻挡的思想、冲动和行为;③ 人际关系敏感,个人与他人相处时会发生不安、不舒服或自卑感,有比不上他人的感觉;④ 抑郁,反映与临床上抑郁症状群相联系的症状;⑤ 焦虑,指在临床上明显与焦虑症状相联系的精神症状以及体验;⑥ 敌对,有攻击、易怒、怨恨、愤怒等性质的思想、情绪或行为;⑦ 恐怖,对某一特定的人、地、物或情境具有不合理、不适应的持续反应,并有逃避行为;⑧ 偏执,有猜疑、自大妄想、怕失去自我等不正常的思想;⑨ 精神病性,具有一些初级精神病的症状。

5.4.2 应用及展望

核电厂操纵员职业适应性心理测评研究的应用可分为三种情况：① 在操纵员选拔和招聘中，进行人员的职业适应性测评，初步淘汰不合格者；② 在操纵员技能学习和培训过程中，同时安排操纵员心理培训和训练，并进行职业适应性心理筛选，淘汰不宜为操纵员的人员；③ 在操纵员复训过程中，对已经从事操纵员职业的人员进行心理培训、训练、测评和治疗，使其心理素质得以强化和提高。

核电厂操纵员控制整个核电厂的运行，对核电厂的安全、高效运行有直接关系。通过操纵员职业适应性研究实现人、机、环境三个要素中作为主体的人和其他两个要素之间的匹配，可有效降低核电厂的事故发生率。同时，开展操纵员职业适应性研究可获得巨大的经济效益和社会效益。一个合格操纵员需经过多年专门培养，费用是巨大的，如果进入工作岗位，被实践证明后再淘汰将给国家造成很大损失。若在人员参加职业学习之前先进行预测，则可在很大程度上避免这种损失。对已经获得操纵员执照的人员进行职业适应性测试，让不适应者及时转岗，则可有效减少核电厂事故发生率。因此，开展核电厂操纵员职业适应性心理测评的研究和应用，必将为我国核电厂带来可观的经济效益和巨大的社会效益。

5.5 案例分析

标题：美国海军潜艇艇员心理选拔

描述：

潜艇是一个密闭环境，在长期的巡航期间与外界的接触几乎被隔断。艇上提供的医疗只能治疗普通疾病，不提供心理治疗。在潜艇巡潜期间，环境狭小，没有个人空间，无法摆脱工作场所的冲突，长期不见阳光。处在这些应激环境中时，艇员的心理卫生是很重要的，不论是预期的心理素质还是实际的素质都应该是高水平的。据统计，美国海军新兵的淘汰率高达 40%，心理障碍是服役期前两年淘汰的主要原因。只有将有心理障碍以及动机不当者从不适宜在潜艇上服役的新兵中尽早鉴别出来，才能确保艇员服役期间的安全，提高海军的总体作战水平。因此，潜艇艇员的心理选拔在潜艇部队建设中占有重要位置，美国海军在潜艇部队发展之初便已经开始此项工作。从 20 世纪 40 年代开始，心理选拔经历 60 多年的发展历史，美国海军研制了一整套适用性好的测试工具和方法，在海军新兵选拔过程中得到有效应用。

反思和分析：

测试工具的开发、测试方法的选择、测试量表的信度分析、测试工具及方法的持续改进等，都是决定心理选拔工作能否长期、有效开展的重要因素。在美国海军潜艇艇员心理选拔工作中有许多值得借鉴和参考的经验。

1. 测试量表的研究历程

(1) 在 20 世纪 40 年代，对艇员的心理学测试内容包括：休克融合时间测试、新伦敦 NDRC 机密调查表、NRC 神经调查表以及个人调查表。前 3 个调查表由于表述长度不够、缺乏专指性、可靠性低而被取消。个人调查表在适宜与不适宜潜艇服役人员之间的分辨率低。1959 年，WEYBREW 与 YOUNISS 研制了个人调查表(PIB)，作为心理学筛选工具。

(2) 20 世纪 60 年代起，PIB 成为美国海军潜艇学校心理学选拔学员的唯一工具。该工具一直使用了 25 年。由于人口统计学、伦理学以及社会特征一直在不断变化，心理卫生的概念也在发生变化。到 80 年代，由于该表使用年限过久，美国海军认为 PIB 已经不能有效测量候选潜艇学员，开始研制新的筛选测试工具。

(3) 1986 年，海军潜艇医学研究所研制了潜艇艇员心理学选拔的新量表——SUBSCREEN。测试结果表明，SUBSCREEN 适用性好，因而 PIB 被终止使用。目前，美国海军利用 NEO 个性量表作为新兵入伍后筛选的第二个步骤。此后，被分配到潜艇部队的新兵将在潜艇学校接受培训。在进入潜艇学校第一周，首先进行 SUBSCREEN 测试。

2. SUBSCREEN 量表内容简介

SUBSCREEN 包含 5 大类别，28 个独立的分量表与程序计分，共计 240 个条目，用于测试学员的环境适应能力。各个条目之间具有高度的关联性，并且用于评估特定的心理特质功能。SUBSCREEN 的各分量表如下：

(1) 程序分量表。用于测试候选艇员的诚信或虚假特质，共 4 个分量表：GDS 分类、极端分值、掩饰、给人好印象。

(2) 潜艇服役专项动机分量表。用于测试学员对潜艇服役的态度，共分 6 个分量表：到潜艇服役是个错误、对潜艇服役的态度不确定、有条件地接受潜艇、无条件地接受潜艇、潜艇下潜问题、潜艇学校问题。

(3) 情感分量表。包括 4 个分量表：身体状况、对事态控制能力低、神经质或焦虑不安、沮丧情绪。

(4) 社会化分量表。用于测量学员与人交往的能力。共有 6 个分量表：强制性态度，攻击性、破坏性特质，家庭、学校问题，社会性孤独，性情冲动，社会支援。

(5) 附加分量表。包括 8 个分量表：反常思想、反常的身体抱怨、自杀的意念、幽闭综合征的感觉、核问题、依赖性、自我评价、能力。

(6) 单独计算因素。这些因素作为测试评价的参考，单独计算因子分值。包括：脆弱性，消极的动机，沮丧、自杀，能力，操纵能力，隔离、社会支援。

3. SUBSCREEN 量表的信度分析

研制并维护任何一个筛选工具时，该工具的信度是基础，并且计分标准要经得起时间的检验。自 1986 年 SUBSCREEN 量表研制成功并投入使用以来，至 2003 年已经测量并积累了 34400 份个人数据，其中新兵 30000 份，军官 4400 份。海军潜艇医学研究所对此量表进行过多次评价，公开发表的评价报告有 1993 年、1997 年、2003 年 3 份。评价内容涉及各分量表的内容一致性、平均信度、量表的敏感性和差异性等，并针对存在的问题及信度不足的分量表进行修改。2003 年评价报告的总体结论是：潜艇学校新学员的 10% 被 SUBSCREEN 筛选出来，推荐给临床心理医师进行再评价。这 10 %人员的再评价结果是：70 %重新返回潜艇学校学习，10% 被重新分配到水面舰艇部队，20% 被海军淘汰。目前，SUBSCREEN 共剔除了 3% 的不适合潜艇服役的学员。海军潜艇医学研究所的研究人员建议：SUBSCREEN 应该每两年修改一次，以确保量表在鉴别有心理问题新兵上的准确性。

4. SUBSCREEN 的测试方法

美国海军新兵经过基础培训后，分配到潜艇部队，到潜艇服役前首先在潜艇学校接受进一步培训。SUBSCREEN 测试在进入潜艇学校的第一周进行。由海军潜艇医学研究所的研究人员向学员说明 SUBSCREEN 的目的与填写方法。答卷需要 1 个小时，每个条目有 5 种答案供选择：坚决同意、同意、中性、不同意、坚决不同意。将学员的答卷数据扫描进入计算机，按设定的计分程序计分，凡测试分值高于既定限度的学员，就归入提交临床心理医师作进一步评价的名单，然后将该名单送临床心理医师。临床心理医师评价后再将名单与处理意见返回到潜艇学校。对返回的学员有三种处理方法：重返潜艇学校、转送水面舰艇部队、淘汰。

复习思考题

1. 在核电行业开展职业适应性研究的意义有哪些？

2. 核电厂关键岗位（操纵人员）职业适应性心理测评研究的主要内容及应用方式有哪些？

第六章 易导致核电厂人为失误的生理心理因素及对策分析

6.1 核电厂员工作业可靠性影响因素概述

人本身是一个随时随地都在变化着的巨大系统。这样一个巨大系统被大量的、多维的自身变量制约着，同时又受到系统中机器与环境方面的无数变量的牵涉和影响，在生产劳动过程中，每个作业者作为一个处在复杂社会关系中的人，都会受到来自自然、社会、企业、家庭以及具体的工作环境和劳动群体等外界环境及个人生理、心理特点中异常因素的影响，使人的生理、心理状态发生不利变化。这些来自作业者外部和内部干扰因素的影响，都将导致作业可靠性降低，以致出现人为失误或差错，从而导致事故的发生。影响核电厂员工作业可靠性的因素很多，分为内部干扰因素和外部干扰因素。

（1）内部干扰因素。不良的生理、心理状态，如疲劳、情绪波动、注意力分散或不注意、睡眠不足或大脑觉醒水平低、生理节律低谷期；个性心理特征中的一些与工作岗位的不适应因素或不良因素；遗传生理、心理缺陷或患有身体和精神疾病等；安全知识、技能训练水平和工作经验方面的欠缺；安全意识差、职业道德和价值观上的缺陷等。

（2）外部干扰因素。不良的自然环境，如噪声、照明不足、作业空间狭小或布置不合理等；不良的社会环境；操作系统，信号装置、仪表等的设计存在安全人机工程学上的不合理因素；工作岗位、工作场所的变动；过高的工作负荷；个人生活的变动因素；药物、酒精等作用于人体而造成的影响；文化教育、安全教育培训不足等。

6.2 疲劳、单调对安全生产的影响及对策分析

6.2.1 疲劳产生的原因及其规律

作业过程中，员工承受了肉体或精神上的负荷，受工作负荷的影响产生负担，负担随时间推移的不断积累将引发疲劳，导致疲劳产生的因素是多方面的。

（1）作业强度与持续时间。劳动负担是作业强度和作业持续时间的函数。作业强度越大，持续时间越长，劳动者越容易疲劳。

（2）作业速度。作业速度越高越容易导致疲劳。根据劳动定额学研究，每一种作业都有适合于一般员工的合理速度，在合理的作业速度下劳动，人可以维持较长时间而不感到疲劳，体能的支出比较经济。

（3）作业态度。员工的精神面貌和工作动机对心理疲劳影响极为明显。工作热情高，工作兴趣大，主观疲劳的感受就越小。

（4）作业时刻。在什么时间进行作业也影响疲劳的产生和感受疲劳的程度。

(5) 作业环境。不适合的湿度、温度,不良的照明条件、噪声等都会增加员工的精神与肉体负担,造成疲劳感。

(6) 影响疲劳的具体因素包括:作业类别、作业条件和员工的主观条件。

了解疲劳的规律将有助于预防疲劳和科学处理疲劳与安全生产的关系。一般可从以下两个方面来认知疲劳的规律。

(1) 疲劳的一般规律。疲劳可以通过休息消除,心理上造成的疲劳常与心理状态同步存在和消失;疲劳有累积效应,未消除的疲劳能延续到次日;疲劳程度与生理周期有关,在生理周期中机能下降时发生疲劳较重,而在机能上升时发生疲劳较轻;人对疲劳有一定的适应能力,工作中有意识地留有余地,可以减轻作业疲劳。

(2) 疲劳与消除疲劳的关系。疲劳的产生与消除是人体正常生理过程,作业产生疲劳和休息恢复体力,这两者多次交替重复,使人体的机能和适应能力日趋完善,作业能力及水平不断提高;人在作业过程中消耗的体力不仅在休息时能得到恢复,在作业的同时也能逐步恢复;疲劳与消除疲劳相互作用是适应生理、心理过程的动力平衡。

6.2.2 疲劳与安全生产

疲劳对安全的威胁是显而易见的。既然疲劳意味着员工生理、心理机能的下降,而保证安全又需要员工必须保持一定的体力和良好的精神状态,那么疲劳也就因此而成为安全的最大威胁。事实上,生产中的事故在很大程度上是由疲劳所引发的。疲劳现在是国际公认的主要事故致因之一。疲劳可使员工产生一系列精神症状和身体症状,这样就必然影响到员工的作业可靠性,并常常引发事故。国外一项针对不同年代大量事故的研究发现,事故发生率较高的时候通常是在工作即将结束前的两小时(事故频发高峰在上午 11 点和下午 4 点),而这个时刻恰好是员工疲劳积累到相当程度的时刻。从这些研究结果中不难看出,疲劳是促发事故的最重要的时间性因素,它与事故的关系并不纯粹是偶然的,而是像喝了不洁净的水会导致腹泻一样。来自生产一线的调查表明,过度疲劳时的最大危险主要源于反应迟钝和动作不准确,员工在遇到危险信息时往往不能及时发现,或发现了不能快速地做出反应。因此,疲劳与安全生产是密切相关的。防止过度疲劳也是安全生产的关键之一。

6.2.3 单调作业的特点及引发疲劳的原因

单调作业是指内容单一、节奏较快、高度重复的作业。单调作业所产生的枯燥、乏味和不愉快的心理状态,称为单调感。单调作业种类很多,自动化控制室的检查、监视和控制作业就属于单调作业。单调作业的特点包括:作业简单、变化少、刺激少,引不起兴趣;受制约多,缺乏自主性,容易丧失工作热情;对作业者技能、学识等要求不高,易造成作业者消极的情绪;只完成工作的一小部分,对整个工作的目的、意义体验不到;作业只有少量单项动作,周期短、频率高,易引起身体局部出现疲劳和心理厌烦。

单调作业虽然不需要消耗很大的体力,但千篇一律重复出现着的刺激,使人的兴奋始终集中于局部区域,而其周围很快会产生抑制状态,并在大脑皮质中扩散,经过一段时间,就会出现疲劳现象。此外,随着技术不断进步,工作分工越来越细,使作业在很小的范围内反复进行,这种高度单调的作业,压抑了作业者的工作兴趣,引起极度厌烦和消极情绪,极易产生心理疲劳。其主要表现为感觉体力不支,注意力不集中,思维迟缓,懒散,寂寞等。

6.2.4　减少疲劳、克服单调感的办法

由于疲劳、单调既影响工作绩效，又影响生产的安全，因此人们对它们进行了许多研究，并提出了不少可行的办法，有的已经付诸实施，收到了很好的效果。

（1）合理安排作业休息制度。休息是消除疲劳的最主要途径之一。无论何种形式的工作都应规定休息时间。休息的额度、休息方式、休息时间长短、工作轮班及休息日制度等应根据具体工作性质而定。

（2）改进操作设计，使设备及其操作更宜人。例如运用工效学原理使设计出的设备及操作更方便、更省力，以便减少疲劳；对于单调、枯燥的监视作业，可以在不影响工作的情况下，增加一些刺激因素，以避免无聊，激发注意力。

（3）改进作业组合。例如不同作业种类的人组成一个小组，在小组内作业可以轮换，以提高工作兴趣，激发工作热情。

（4）变更作业场所布置。如将那些只面对设备、墙壁、天花板的工作布局变成"圆形工作台"，使之可以看到其他人的面部表情，进行必要的语言交流，增加工作乐趣。

（5）进行职责的重新设计。包括职务充实、职务扩大和丰富工作内容等。

6.3　生物节律与事故、事件预防

6.3.1　生物节律及其类型

生物节律又称生物钟现象，它是一种普遍存在于一切生物体内的自然规律。在日常生活中人们看到，植物的开花，昆虫的孵化，候鸟的迁徙，都有一定的时间。自然界中的许多动植物，其生理机能和生活习性都存在着随时间的变化而出现周期性变化的现象，它们似乎是受到某种内在时间的控制。科学家把这种现象称为"生物钟"。它反映着生物为适应昼夜、季节的变化而进行自我调节的规律，因而也称为生物节律。科学研究发现，和自然界的其他生物一样，人类身体内的各项生理、心理活动，也存在明显的周期性，并且涉及的范围非常广泛。人体内的生物节律周期是不同的，有长有短，有的以秒计；有的以时计；有的以日（昼夜时）计，如睡眠与觉醒；有的以月或年计。其中，与工作效率、生产安全关系明显的是日节律和月节律。

日节律也称为昼夜节律、日周节律，它是一种与太阳日紧密相关的人体机能的周期性变化。因为有的节律并非严格地以 24 小时为周期，只是大体上相符，所以又称"概日节律"。研究表明，人的许多生理变化属于概日节律。除了概日节律外，还存在以大体上一个月为周期的人体节律。大量学者经过反复试验，发现每个人从他出生那天起，直至生命终止，都存在着周期分别为 23 天、28 天、33 天的体力、情绪和智力的变化规律。在每一个周期中，上半周期对人的活动起到一个积极、良好的作用，称为高潮期。体力表现为体力充沛，情绪表现为有创造力，心情愉快、乐观，智力表现为思维敏捷，更具有逻辑性和解决复杂问题的能力。下半周期对人活动有一个消极、抑制的作用，称为低潮期。体力表现为容易疲劳，做事拖拉；情绪喜怒无常、烦躁、沮丧；智力表现为注意力不集中、健忘，判断准确性下降。在所有三个周期中，由高潮期向低潮期或由低潮期转向高潮期的那一天称为临界日。在体力周期和情

绪周期临界日发生事故的可能性很大;而智力周期临界日在安全方面则认为是不重要的,但如果和其他临界日相重,则产生的综合效果增大。在情绪周期与体力周期的临界日相重时,发生事故的概率更大。

6.3.2 生物节律的自我测定

生物节律可以自我测定,其测定方法如下。

计算给定日期的节律周期相位(这里的周期指体力、情绪和智力周期):

第一,按公历核准自己的出生年、月、日。

第二,计算从出生之日起到测定日的总天数,可按下述公式进行计算:

$$S = 365A \pm B + C$$

式中,S—— 从出生日到测定日的总天数。

A—— 测定年份与出生年份的差。

B—— 测定年生日到测定日的总天数,如未到生日为负,已过生日为正。

C—— 从出生年到测定年的总闰年数($C = A/4$,取整数)。

第三,将总天数分别除以 23 天、28 天、33 天,所得余数即分别为测定者的体力、情绪和智力周期相位(即处于相应周期的第几天)。

6.3.3 运用生物节律,减少和预防事故发生

科学研究证明,生物节律是一种客观存在的自然规律,它和事故发生有着密切的关系。应用生物节律理论可以提示人们,在某一时间的体力、情绪和智力所处的状态是高潮期、低潮期或临界日,这样就可以充分利用生物节律理论来更有效地指导安全生产,提醒操作者注意,合理安排工作。美国和日本等国企业的统计表明,应用生物节律理论对于事故的预防效果是显著的。近年来,我国在生物节律理论及其预防事故方面都做了大量的研究工作,取得了一定的成果。生物节律理论在安全上的应用主要是两个方面:一是事故的回顾分析;二是避开临界日预防事故。运用生物节律理论所以能起到减少和避免事故发生的作用,从心理学的角度看,主要是因为员工掌握了自己的节律后,可以不断提醒自己,强化自己的安全意识,注意加强自我保护,改善心理状态。管理者掌握了员工的生物节律后,可以适当调度和安排员工的生产岗位,加强安全巡查,作好安全防范工作,从而达到减少或杜绝事故隐患的目的。

对于生物节律理论,特别是体力、情绪和智力节律,在学术界的认识并非一致,存在争议。但其作为事故原因的一种假说,获得了不少统计资料的支持。因此,在实践中应该看到生物节律的积极意义。但是,在运用生物节律指导安全生产时需要注意以下几个问题:首先,生物节律,尤其是体力、情绪和智力节律,虽然有统计学意义上的依据,但对具体的个体来说,其差异性不容忽视;其次,事故的发生并不仅受生物节律单因素的影响,而是多种因素的综合效应,并且带有一定偶然性,因而不能认为只要注意生物节律就能保证生产安全,而忽略环境条件的完备、工作条件的改善,以及对设备进行符合工效学原理的设计与经常性检查和维护;第三,从心理学角度看,运用生物节律理论,无论是管理者提醒员工注意安全,还是员工自我提醒,对于加强安全意识,都有积极意义,但同时也应注意有些人会因为受到暗示而产生过分紧张的心理。总之,单纯地依靠生物节律理论,想要完全避免事故是不可能

的，必须强调综合治理。对员工来说，要做到既是在高潮期也不麻痹大意；而在低潮期或临界期，更要加倍注意。

6.4　睡眠、意识觉醒水平对安全生产的影响及对策分析

6.4.1　人类觉醒与睡眠的节律

人的一生约有 1/3 的时间在睡眠中度过，可见睡眠对人类生命活动的重要性和必要性。人在觉醒状态下工作、学习和劳动之后所产生的脑力、体力的疲劳，必须经过充足的睡眠才能解除。许多研究认为，睡眠除了保证人体的生理功能正常进行外，还与注意、学习和记忆等心理功能有关。例如，充足的睡眠对注意的稳定、集中，记忆的巩固等有良好的作用。同时，睡眠对于保持健康的情绪和适应社会环境等方面也有一定作用。人类活动是"昼行性"的，世世代代习惯于"日出而作、日落而息"的生活规律，这种昼夜间觉醒与睡眠的交替在人类相当长的进化历程中已成为固定化的行为和生理模式，并已受人体"生物钟"的内在控制，而不是简单的与白天的光照和夜晚的黑暗相联系。人类这种觉醒和睡眠的交替是人脑活动的节律，这种节律与人体多种功能所呈现的规律一样，是以一个昼夜为周期的。但是，在人们的日常生活和工作中，各种外界（如倒班工作）和内在（如生理和精神的病理状态）的原因都可以在某种程度上破坏人脑活动的昼夜节律，引起觉醒与睡眠关系的失调（简称睡眠失调）。而这种失调又会对人的生理和心理产生不利影响，并会增加人在生产作业中的心理和行为的不稳定性。

6.4.2　倒班工作对睡眠及生理心理的影响

轮班工作已被认为是引起睡眠紊乱的主要因素。轮班员工睡眠紊乱的发生率为 10%～90%（通常在 50%以上），而日班员工只有 5%～20%。核电厂操纵员属轮班工作制。轮班工作制引起的睡眠失调主要归因于生理节律的破坏。另外，睡眠紊乱还与员工的工作周期和社会活动习惯也有联系。随着工业现代化的发展，从事倒班工作的人将越来越多。倒班的方式多种多样，无论哪种方式的倒班，都与正常的睡眠发生冲突，这种觉醒和睡眠正常节律的破坏，对安全生产和员工的身心健康都有不同程度的影响。大量研究证明，倒班工作与某些官能性疾病有关系。其中，主要的官能性疾病是肠胃病、睡眠失调和神经系统功能紊乱，有时可能产生轻度的头痛、神经过敏、注意力集中困难等。这些大都对安全生产有不利影响。

尽管倒班工作对人体是不利的，但目前又不可能废除，所以企业应尽量做到倒班合理化，把不利因素降低到最少。有专家经过研究提出以下几点建议：

（1）慢倒班，每周最快倒一次班。

（2）顺时倒班，上过早班之后适宜换中班，而不是换夜班。

（3）两班之间最好有一段时间休息，不宜接连下去。

（4）改变就餐时间。早班就餐时间可安排为 7 时、12 时、18 时；中班就餐时间为 15 时、20 时和凌晨 2 时；夜班就餐时间为 23 时、凌晨 4 时和上午 10 时。

6.4.3 睡眠不足及其对安全生产的影响

睡眠不足是指相对个人睡眠习惯，睡眠时间较少的情况。睡眠不足对安全生产有着严重的不利影响，它导致员工的生理和心理功能明显下降或紊乱，从而导致工作失误和事故的发生。根据对许多由于睡眠不足导致的事故的分析得出结论，在睡眠不足的状态下，易发生下列情况：

(1) 注意力集中困难，以致不能全面了解操作系统的情况，忘掉作业程序中某些环节或出现多余动作。

(2) 感觉、知觉迟钝，甚至发生错觉，思想混乱，动作准确性降低，即使努力加以控制也难做到，有力不从心之感。

(3) 意识清醒程度(觉醒水平)下降，疲乏无力以致出现打瞌睡的情况。睡眠不足特别是由此造成的瞌睡状态，是很多事故的直接原因。

6.4.4 意识觉醒水平与作业可靠度

意识觉醒水平是指人脑清醒的程度。有学者提出的意识层次模型说明，中枢系统能否意识集中而注意于当前的活动，以有效而安全地进行其工作，依赖于意识水平层次的高低。睡觉时意识丧失，一切行为失去可靠性；觉醒时，意识水平提高，中枢处理能力增强。意识层次理论将大脑意识水平分为五个层次，并根据研究给出了其相应的可靠度水平(最大值为1)，见下表。认为人的内在状态可以用意识水平或大脑觉醒水平来衡量。人处于不同觉醒水平时，其行为的可靠性是有很大差别的。

表 意识觉醒水平与作业可靠度

层次等级	意识水平	对注意的作用	生理状态	可靠度
0	无意识，神志昏迷	零	睡眠、癫痫发作	0
Ⅰ	正常以下，恍惚	不起作用，迟钝	疲劳、单调、打瞌睡、醉酒	<0.9
Ⅱ	正常，放松	被动的，内向的	平静起居、休息，常规作业	0.99～0.999 99
Ⅲ	正常，明快	主动积极的，注意范围广，注意集中于一点	积极活动时的状态	>0.999 999
Ⅳ	超常，极度兴奋、激动	判断停止	紧急防卫时的反应，慌张以致惊慌	<0.9

6.5 酒精、药物造成的心理危害及对安全生产的影响

酒精既是历史悠久、普遍使用的药物，又是具有药理效应的食物。科学实验的结果却表明，它是一种抑制剂。在酒精的影响下，人们常出现以下反应：感觉迟钝，观察力下降；记忆力下降；责任感低，草率行事；判断能力下降，出错率高；动作协调性下降，动作粗猛；视听能力下降，易出现幻象和错听；语言表达能力下降；情绪波动较大，攻击性强；自我意识缺乏，易

冒险;易患缺氧症。国外的大量研究表明,随着血液酒精浓度的增加,人的操纵能力逐渐降低,对安全作业的影响很大。

对员工的生理心理产生影响而容易诱发事故的药物主要有:兴奋剂(含迷幻药和抗抑郁药)、抑制剂(含止痛药、安眠药、镇定剂、麻醉剂等)。这些药物中毒可造成非正常心理和生理状态,从而引发判断失误、操作不正确等行为,导致事故发生。其他药物也会或多或少引起生理心理异常,如人参综合征可引起高血压、兴奋、头痛、眩晕等;青霉素有时可引起幻视、暂时失明、胸闷、定向障碍;抗结核药异烟肼,可能引起意识不清、幻觉、兴奋多语等。如果核电厂员工在工作前或工作过程中服用这些药物,有可能造成安全隐患或事故,应尽量避免。

6.6 社会心理因素对安全生产的影响及对策分析

核电厂的安全运行需要员工在稳定的情绪、平静的心境下集中精力工作。可是,员工每天都生活在复杂的社会环境之中,不断与外界社会进行相互作用,几乎时刻都在与他人进行着各种形式的交往或联系。其间,社会人际关系不良、家庭冲突或各种生活事件等问题会经常发生。因此,对员工来说也就时常会产生各种复杂的心理冲突。对不少员工来说,在工作过程中,很难把这些心理矛盾和各种杂念全部排除在工作之外,以致出现注意力不集中或反应迟钝等情况,从而使作业失误增加,不安全行为增多,甚至导致事故的发生。

6.6.1 社会人际关系不良对安全生产的影响

人际关系属于社会关系的范畴,是人们在相互交往中发生、发展和建立起来的心理上的关系。人际关系贯穿于社会生活的各个方面,是社会与个人直接联系的媒介,是人们进行社会交往的基础,是人们参加生产劳动、学习和日常生活及各种社会活动所不可缺少的。不同的人际关系会引起不同的情绪体验。良好的人际关系会使员工感到心情舒畅,工作积极性提高。相反,如果员工之间发生了矛盾和冲突,一时又没有妥善解决,双方就会产生冷淡、敌视、忧虑或苦闷等心理状态。这除了会影响员工的身心健康之外,还会导致员工在工作中心理和行为不稳定,对安全生产来说,是一个极为不利的因素。国外许多研究证明,在不良的人际关系环境中工作,发生事故的概率比正常条件下要高,特别是上下级关系紧张的地方,更容易发生事故。对个体人际关系的研究认为,与上级有对立情绪、与同事矛盾重重、与下级关系紧张的个体容易发生事故。

人际冲突是指两个群体之间或个人之间在行为上的对立和争执等。人际冲突的原因很多,主要包括:由认识原因产生的冲突、目标对立、需要对象的异同、攀比心理、嫉妒心理、机构职责分工不明、分配不当和非正式群体等。为正确解决和处理冲突,建议做好以下工作:

(1) 正确认识冲突。有时冲突并非全是坏事,也有其有利的一方面,如,在处理生产中的技术与安全问题或某项建设性建议上,由于观点不一致造成争论冲突,经过协商或讨论,有利于分清是非,正确决策,这种冲突只要不发展成个人攻击,就应该让它存在并正确引导。相反,如果一味压制冲突,只求表面上的协调和平静,结果会导致更深的隐蔽性的冲突,这样对工作、生产更为不利。它会造成相互不合作,对他人或对其他群体不负责任等情况出现。

(2) 加强思想政治工作,提高人们的思想觉悟,建立协调和睦的人际关系。其特征是平等、互相尊重、团结友爱和相互帮助。共同的利益、事业,共同的理想、信念和道德观念等是这种人际关系的基础。

(3) 管理上的充分民主化和合理化。管理者应以公平合理的原则处理一切问题。如管理人员应充分发扬民主,不搞家长作风,虚心听取下级和广大员工的意见,做到上下沟通融合,建立良好的上下级关系,在用人、分配及管理上要公平合理。

(4) 解决矛盾、缓和矛盾。首先应分清矛盾冲突的性质,然后分别采用不同的方法进行解决。对于涉及法律的性质严重的矛盾冲突,应运用法律手段请司法部门解决。属于道德范围的要采用惩罚与教育相结合的方法解决。属于一般性的争论,要分清是非,达成一致意见,或采用缓和、调解的方法相互妥协。而对于生活小事引起的矛盾,应劝导矛盾双方互相谅解、忍让、言和。

6.6.2 家庭冲突对安全生产的影响

家庭关系是员工日常生活中最重要的人际关系。员工每天除工作外大部分时间都在家庭中度过。因此,家庭中的人际关系好坏,对员工的影响极大。更重要的是,家庭还是员工调解情绪和消除疲劳的场所。如果家庭关系和睦,员工经过一天繁忙的工作,回到家里就能得到休息和调养,以恢复体力和精力,有利于第二天的工作。有时在工作单位里遇到不顺心的事情而心情烦闷,在家里通过向家人诉说,会得到安慰和劝解,情绪上就会平静下来。但如果家庭关系不好,不但起不到缓解作用,反而会使烦恼加深,以致员工在工作中情绪消极,不能集中注意,易发生事故。在实际工作中,由于家庭矛盾造成情绪郁闷而导致发生事故的案例比较常见。

对每个家庭来说,家庭矛盾几乎都是不可避免的,家庭关系是否能够经常维持良好的状态,关键是家庭成员能否较好地处理和解决矛盾。家庭矛盾的解决可遵循以下方法或原则:

(1) 家庭矛盾的解决要遵循互谅互让的原则,各自主动指出自己的缺点、不足或错误之处。即使自己有理,也要让人三分,所谓“让一步天高地阔”,这样做,问题的解决就会比较容易。

(2) 互相体谅对方的难处,多做一些有益于对方的事,注意发现对方的长处、优点或正确之处,以求得理解和尊重,共同促成矛盾的解决。

(3) 凡事不要算旧账,要就事论事,不要攻击对方的弱点和易受伤害处,更不要互相辱骂。

(4) 对夫妻来说,如果发生大的很深刻的矛盾,确实经过长期内部努力和外部帮助,均不能协调解决的,可以最后采取好说好散的离婚方式解决问题,若勉强维持下去会造成双方长期身心折磨和无穷烦恼,对工作也会极为不利。

6.6.3 生活事件对安全生产的影响

生活事件是一个心理学名词,是指个体生活中发生的需要一定心理适应的事件。包括负性事件和正性事件,它会引起人情绪的波动。在工作和生活中,有许许多多的事件会使员工的情绪发生较大的波动,如亲友亡故、工作变化等。这些事件无疑会对员工的作业可靠性产生不利影响。由于各种生活事件的性质和严重程度不同,其对员工的影响程度也不一样。美国心理学家通过调查研究,将每种生活事件赋予一定的数值,如配偶死亡 100;离婚 73;夫妻分居 65;亲密家属死亡 63;结婚 50;工作调动 39;经济状况改变 38;放假 13 等。研究表明，一年中生活变化值超出 150 分便有可能导致疾病或发生意外事故。若超过 300 分，则几乎 100%会生病，发生意外事故或工作中发生差错的可能性更大。研究还表明，生活事件与心理障碍也有关系。如生活事件越多，发生的精神障碍越多，发生心理病理行为的可能性也越大，甚至可能促进精神分裂症发病。另外，生活事件与人的某些躯体疾病的发生亦有密切关系。

若分数累计低于 30 分，即生活较安定，则可保持心理的稳定并有利于身体健康。有时，生活中的区区小事也有可能对员工的心理和行为产生很大影响。作为复杂纷繁的现代社会中的一员，员工几乎每天都会遇到正面和反面的生活事件，它们对员工的心理和行为均会产生积极的或消极的作用。而当这种作用的强度达到一定程度，反映于员工的生产作业过程中时，就会导致人为失误的增加，造成安全隐患。

6.6.4　节假日对安全生产的影响

在节假日前后，比较容易发生事故，似乎已成为一个普遍的现象。在节假日前后，由于与假日有关的事情会在员工的头脑中起干扰作用，使他们在工作过程中容易注意力分散，情绪不稳定。假日前，员工常会计划如何安排假日生活。假期之后，假期中有关事件的映像还未在头脑中消失，特别是一些令人兴奋或令人烦恼的事情，更不会在头脑中立即烟消云散，因此员工思想不容易马上转移到工作上来。很显然，这些情况都会对安全生产产生不利影响。因此，在员工节假日前后，作为管理者特别是基层管理者要及时做好思想工作，提醒员工要在离岗前和归岗后排除一切外在干扰，将全部精力投入到工作中。除此之外，在安排工作任务时，也要考虑采取有关措施，如安排安全责任不大的工作，或派人与之配合等。作为员工个人，更要努力控制自己，在工作中绝不想工作以外的事情，以防患于未然。

6.7　案例分析

标题：概日节律对安全生产的影响

描述：

人体生理节律又称生物钟，它从生命开始，随时间呈持续不断、周而复始的周期变化，这种周期变化就是生物节律。它与生命共存，并支配着生物体的行为。迄今为止，科学家们已经发现人体生理节律有 100 多种，其中日节律是主要的类型之一。日节律又称“概日节律”。这种节律的形式可能与人类在电灯发明以前，一直过着日出而作、日落而息的劳动生活方式有关。概日节律造成身体机能的昼夜波动，是事故的一个潜在原因。国内某电厂，现场操作员凌晨 3 点在进行现场操作时，未能将本该关闭的硼酸水阀门 A 关闭，而错误地认为需要将其他硼酸水阀门关闭，结果在进行后续操作后导致硼水经过硼酸水阀门 A 窜流到乏燃料水池。

反思和分析：

在上述事件中，概日节律所导致的现场操作员身体机能的昼夜波动是发生人为失误的最主要原因。研究表明，人的各器官系统不能在长时间内保持均匀的工作能力，这种能力具有周期性变化的特点。研究发现，人的心跳快慢、体温变化、肌肉收缩量及激素分泌等都有明显的昼夜节律，即随着白天和黑夜的交替，上述生理指标也发生变化。显然，这种变化会直接影响人的生理心理机能。日本熊本大学的佐昨木隆教授在题为《人的概日节律》的论文中，收集了各种身体机能在 24 小时中随时间的变化情况。例如：

（1）属于生命特征的体温、脉搏、血压等项指标在下午 4 点左右达到最高值。

（2）体现体力、动作协调性、计算速度等项指标在下午 2—3 点时达到最高值。

（3）作为活动能源的糖分、脂肪质或血中蛋白浓度在下午 5 点左右达到最高值。

（4）副交感神经系统占优势的细胞分裂及生长激素的分泌等，则从夜间 11 点至凌晨 2 点左右为高峰。

总的说来，人的身体适于白天活动，而到夜间，由于各种机能下降，适于睡眠和休息。日本学者狩野之根据各国研究人员的研究成果绘制了人在一天 24 小时中身体机能的变化。研究成果表明，一天内人的机能变化趋势是：上午 7—10 点机能上升，午后下降；午后 6—9 点，机能再度上升，其后则机能急剧下降，凌晨 3—4 点下降最明显。此时人感觉极度疲倦和困乏。如从事生产作业，是极易发生事故的“危险时期”，国外有人把凌晨 3 点左右发生事故较多的现象称之为“魔鬼的凌晨 3 点”。因此，上述事件中的现场操作员在凌晨 3 点发生操作失误也就不奇怪了。许多研究表明，事故的发生与人的昼夜身体机能的波动曲线是相对应的。例如，火车驾驶员的错误刹车操作与驾驶员 24 小时昼夜生理节律密切相关。显示屏监测人员的信号侦察能力也具有昼夜节律性变化。

概日节律是一种客观存在的现象，并且和事故频发有密切关系，因此，运用概日节律，减少和防止事故发生是保证安全生产的重要措施。通过了解概日节律理论，企业可以强化员工的安全意识，加强安全防范工作，减少和避免事故发生。大量统计资料表明，应用概日节律理论对于事故的预防具有显著效果。

复习思考题

1. 疲劳产生的原因主要有哪些？如何减轻疲劳对安全生产的影响？

2. 社会心理因素对安全生产有哪些方面的影响？

第七章 核电厂作业人员的操作行为与安全生产的关系

7.1 不安全操作行为的特点、规律及心理分析

7.1.1 不安全操作行为的特点和规律

不安全操作行为一般又称为违章操作行为，简称违章。主要有以下特点：

(1) 大部分违章没有直接后果或没有显见后果，违章带有普遍性。

(2) 有意违章与无意违章比较难区分(尽管本人是清楚的)。

(3) 违章后果有潜在性，违章操作有较大潜在风险。某个违章当时可能没有后果，但它可能与其他违章或以后的违章在一定的条件下巧合成事故；违章操作与系统内已经存在的设计缺陷、流程缺陷等巧合成事故。

(4) 违章动机和效果存在不一致性，情境违章更为明显。有时好的动机却带来严重后果，如监护人离开监护岗位去帮助操作人员操作而导致事故。

(5) 任何年龄、任何专业、任何岗位的人都可能违章，而且还可能重复同样的违章，可以说凡是人都可能违章。

违章属于随机事件，违章的具体发生是很难预测的。但是，随机事件也有规律可循，从大量违章事件统计分析，可以得出如下规律。

(1) 违章的多发时间。节假日及其前后、交接班前后、凌晨 3～6 点等，是违章操作行为的多发时间。

(2) 违章的多发作业。带电作业、有污染的作业、复杂作业、单调的监控作业等容易出现违章。

(3) 违章多发员工本身的因素。违章容易发生在员工生物节律的临界期或低潮期；责任心和安全意识比较差的员工容易违章；对所从事的工作不感兴趣的员工容易违章；有些违章出于一时的错误闪念。

7.1.2 违章操作行为的心理分析

从事生产作业的员工发生的各种心理过程都带有个人的特点，因为操作行为与操作人员的精神状态、情绪好坏等因素有关，也和操作者的心理特征有关。因此，在相同类型和环境的作业中，有的操作者很少发生事故，而有的操作者就容易发生事故。

(1) 员工的个性心理特征。人的一切心理活动都是在客观现实的作用下产生的，没有外界刺激就没有人的心理活动，客观现实不仅决定心理的内容，而且决定心理的形式和发展。而且，人的心理反应由于个性特征的不同而不同。所以，对同一客观事物，不同的人的反映可能大不相同。人的个性心理特征是一个人在心理活动中所表现出来的，比较稳定和

经常的特征，每个人的心理特征，正如每个人的面容各不相同，每个人都有自己的心理特征。人的某些生理特征，如反应速度、手的灵巧程度、视力、体力、某些生理缺陷、疾病、疲劳等，都是影响安全的因素。

(2) 违章操作的心理状态。导致事故发生的原因，可归纳为外因和内因两个方面，外因包括设备情况、预防措施、保护用品、环境温度、照明条件等。内因则包括操作人员的技术、心理活动或精神状态等方面不符合安全作业的要求。统计调查资料表明，事故70%～80%是由于操作人员的操作行为发生错误或违章操作引起的。而人的行为是由人的心理状态支配的。所以，要研究和分析事故的内因，就必须研究和分析发生事故时操作人员的心理状态。在事故发生之前，操作人员的心理状态一般有如下几种情况：① 麻痹大意。例如，员工对经常干的工作习以为常，并不感到有什么危险。在这种心理状态的支配下，员工就凭印象，毫不怀疑地根据过去的经验开始了作业，但结果却发生了事故。② 精力不集中。员工有特别高兴或忧虑的事情使情绪受到极大波动而发生事故。③ 技术生疏。这种情况的心理状态通常是由于技术不熟练，遇事应变、应急能力差而造成的。④ 过分依赖他人。多数是在与他人共同作业时，因为省事、省力，想依赖他人，结果导致了事故的发生。⑤ 紧张导致判断错误。员工由于某些原因使心情紧张，对外界情况没有正确的反映，在操作中发生事故。

7.2 无意违反安全操作规程的原因分析

7.2.1 无意违反安全操作规程的行为原因

(1) 工作环境差和超负荷工作造成的身心疲劳。在工作条件差、环境恶劣的情况下，经常超负荷工作，会导致员工的生物节律紊乱，生理功能出现障碍。有时尽快完成任务、结束疲劳状态的欲望成为第一需要，操作中行动匆忙、草率，对事故苗头反应迟钝。当员工的工作量增加到一定的限度时，疲劳便会积累，积累达到一定程度，员工就可能出现违反操作规程的行为。

(2) 不良的社会环境和家庭矛盾造成的力不从心。工作、生活中不良因素的影响会导致员工的情绪波动。当员工的情绪处于兴奋状态时，思维与动作较敏捷；处于抑制状态时，显得迟缓；处于某种极端状态时，往往有反常的举动。上述情况均可能造成违规行为的发生。

(3) 具有精神疾病和其他疾病的人的无意违规行为。患有精神疾患的人，对自己的行动无法进行正确的判断，不能允许其进入操作岗位。对于偶发精神疾患未能及时发现的患者，可能造成无意违规引发安全事故。

另外，偶发的身体不适，因各器官之间缺乏协调，会造成注意力分散，自控能力下降，也可能无意违规，导致安全事故的发生。

7.2.2 无意违章的心理原因

(1) 认知不良。由于对规程、设备、系统运行情况的理解、判断错误而导致的违章行为或违章操作，或是由于缺乏某些相关专业知识或经验而导致的违章行为或违章操作，而违章者主观上误认为符合规章。

（2）过失。由于疏忽、遗忘而违反规章或操作规程，是事实上的违章，但违章者本人当时并没有意识到。

（3）不良的性格特点。性格是一个人对现实的稳定态度和习惯化的行为方式。有的人性格行为反应迅速，精力充沛，但好逞强，爱发脾气，情绪波动大，相比之下，就容易发生事故。

无意违章是由于员工的认识、理解、判断失误，或疏忽、遗忘，或知识、经验不足造成的。这些都是人的心理特点，是每个人都无法完全避免的。但这些过失和不足的严重程度不但与违章者的学习情况、健康状况、接受教育和培训的情况、工作经历等有关，也与当时的作业情况和环境有关。总之，无意违章主要是由个人难以直接控制的因素造成的。

7.3 有意违反安全操作规程的成因分析

7.3.1 有意违章者的心理影响因素

（1）违章者认为自己追求的是以最小代价得到最大的效果。这是人们普遍存在的心理现象，所以违章有存在的基础。

（2）违章者主观认为自己的做法省时省力。例如，省去规程中规定的检查步骤节省时间；维修任务完成之后不清点工具，自然也省力省时。

（3）违章并非一定导致事故。例如，某些操作并非没有人监护就一定会出事故；不戴安全帽进现场，不一定被砸伤。这些现象大家都习以为常，在没有受到指责或处理的情况下，违章者主观认为没有风险。

除此之外，现有的规程和规章制度存在缺陷、一些安全设施存在缺陷、作业环境差等，都是违章者不愿遵守规程的客观原因。

7.3.2 对有意违章者认知和判断问题的分析

（1）违章者的错误就在于把违章的风险和违章导致事故发生的概率等同起来。风险等于事故严重程度与事故概率的乘积。也就是说，即使该事故发生的概率很小，其风险也是不容忽视的。以不戴安全帽为例：不戴安全帽进现场，不一定会被砸伤，但是一旦被砸，必然会发生伤亡事故，其风险不能不考虑。有的违章操作甚至可以导致灾难性后果，例如，1986 年的苏联切尔诺贝利核电站事故，其主要原因就是由于违章操作，尽管这种事故发生概率极小。所以，违章导致事故的概率小，不等于风险小，违章者自认为风险不大的主观判断，事实上是错误的。

（2）违章者把个人需要与组织（或企业）需要等价对待。按规程操作是核电厂安全的需要，与员工个人的各种需要是不等价的。任何个人的需要如果与核电厂的安全需要发生矛盾，就必须放弃个人需要，认识这一点是保证不违章的前提。

（3）违章者衡量代价与效果的标准不对。违章者认为自己追求的是以最小代价得到最大效果，但是违章者没有考虑，衡量代价与效果的标准不是个人的得失而是他人或集体的安危，也包括自己的安全。如果能以最小代价保证安全、高效，那当然是应该充分肯定的，如果因为贪图个人方便而导致事故，那将是不能原谅的。

(4) 违章者没有考虑违章操作的潜在风险。违章操作的潜在风险很大，特别是在维修作业中违章操作的潜在风险更大。维修操作中常出现的一些违章行为，其后果不是马上出现的，事故往往发生在事后。如设备检修完毕后，螺钉没有拧紧，没有检查或检查不细致，就有可能在设备投入运行后发生故障，影响系统运行甚至导致事故。

上述主观认识和主观判断导致了有意违章者的错误行为，使有意违章不断发生，甚至重复发生。

7.4 预防不安全操作行为的心理对策

事故教训告诫我们：员工的心理特点很重要，与行为安全有直接关系。因此，每位员工与各级管理人员必须重视与安全有关的心理问题。要采取有效措施，提高员工从心理上控制自己行为的能力，做到行为安全，万无一失。

7.4.1 用心理学方法预防违章操作行为的措施

(1) 采用科学的用人机制。在社会环境和技术水平都发生了很大变化的情况下，核电厂的安全管理除了采用新技术之外，更应重视对人的研究，因为如果没有科学的用人机制，任何操作规程和管理制度都有可能达不到预想的效果。必须建立科学的选人、用人机制，在用人上充分依靠现代科技的新成果。人作为最活跃的生产力要素，具有最大的潜力，如果不进行科学的挖掘，将是极大的损失。

(2) 加强对员工心理素质的发掘和培养。从核电厂目前的安全管理规章制度以及操作规程的要求来看，对员工提出的要求主要是从技术角度出发，在此基础上进行管理。而实际上，员工在工作中的行为并不是只受规程和法规的约束，而与其心理状态、性格好坏、智力水平有很大的关系。因此，员工与工作的关系不能仅仅从工作要求人的角度出发，还要看员工的特点是否适应工作的要求，这些要求除了技术素质外，心理品质也是重要的因素。员工的素质包括先天素质和后天素质。在提高员工的素质水平上，后天的教育和培训不能解决所有的问题，员工的气质、性格特点、智力水平，并非通过几次培训就能得到提高。因此，改善安全管理的效果，除了教育培训外，应该考虑使用心理学手段，了解员工的基本能力素质和个性特征。然后有针对性地培养员工的心理素质，防止各类违章操作行为的发生。

7.4.2 违章的系统管理

(1) 从分析违章行为的客观原因着手。首先分析违章的客观原因既可避免遗漏某些客观原因，又能营造宽松、实事求是的氛围，使违章者敢于表述自己的想法和违章行为。只有客观原因分析准确后，才能较好地探究主观原因。

(2) 加强教育、培训，提高思想认识。要使操作人员建立安全的基本概念，树立风险意识，特别是对维修作业的潜在风险要有清醒的认识。有了风险意识，就能理解违章可能是零事故，但决不是零风险。使操作人员了解人的基本心理特性、人的行为与动机之间的关系、人的需要与价值观之间的关系，认识个人需要与企业需要之间的关系，把个人的需要与企业的需要统一起来。对违章人员的培训不能依靠讲课灌输，而要多采用互动式教学法，畅所欲言,达成共识。

(3) 改进操作方法,改善安全防护措施和设施。杜绝违章是个系统工程,因此除了培训、教育以外,还必须从其他方面也采取措施。如定期对规程的正确性、准确性、表达方式等进行审评,对具体操作方法和步骤、安全防护措施进行广泛讨论,改进或改善安全防护设施和设备。

(4) 完善检查、监督机制和奖惩措施。任何措施均不可能尽善尽美,特别是受资金和科技水平的限制,任何措施、设施和方法的改进都不可能完全满足操作者的要求。所以,还必须有一套反违章的检查、监督机制和奖惩措施。

(5) 尽可能采用防错、容错措施。人行为的可靠性是很难预测的,尽管上述措施都能减少违章的发生,但这些措施都不能保证违章不再出现,所以需要越多越好的防错、容错措施。例如,提高操作规程的可操作性,在重要操作步骤前加提示,以免遗漏;强化按照规程进行操作的训练,强化对重要操作进行监护的训练;采用多重纵深防御措施,如核电厂加设安全设施和多道安全屏障等。

(6) 培育良好的安全文化氛围。企业对违章的态度以及重视安全的思想氛围,对违章者的行为有很大的影响。虽然违章发生在个人身上,但它不是一个孤立的事件,企业或多或少存在它生存的土壤。所以,培育安全文化氛围,加强和提高安全责任意识和法律意识,是最根本、最有效的措施,需要长期坚持。

7.5 案例分析

标题:倡导核安全文化建设是系统化管理违章的重要环节

描述:

切尔诺贝利核电站位于苏联基辅市北 130 公里的地方,是苏联 1973 年开始修建、1977 年启动的最大核电站。1986 年 4 月 25 日,切尔诺贝利核电站的 4 号动力站开始按计划进行定期维修。次日凌晨 1 点,根据切尔诺贝利核电站站长 B・布留哈诺夫的指示,工作人员开始准备在第 4 号发电机组上进行切断 RBMK-1000 型反应堆保护装置的试验。由于工作人员违章操作而使电源突然中断,主要冷却系统因此停止了工作。反应堆迅速失控,堆芯温度立即升高,进而被熔化。1 时 23 分 4 秒,反应堆工艺管道内的载热体沸腾起来,水被强辐射立即分解成了氢和氧,浓度过高的氢和氧随即发生了大爆炸。

反思和分析:

1. 事故暴露了苏联在核安全管理方面的缺陷

切尔诺贝利事故的直接原因是操作人员操作失误,违反了一系列的操作规定。事故暴露了苏联在核安全管理方面的缺陷。切尔诺贝利 4 号机组是苏联运行的最好的模范机组,但操作人员的培训与经验仅仅集中于静态运行方面,因为反应堆是作为电网的基本负荷机组,带有自动换料机,是不停堆换料连续运行的。当时全苏联只有在另一厂址有一台模拟机可供模拟培训,显然操作人员没有受到足够的开堆、停堆和应付异常事件的训练与再训练。以前的良好运行记录也使人们过分自信,放松了必要的安全教育。在苏联,即使是在美国三哩岛事故发生以后，人们也确信苏联的反应堆是绝对不会出事故的。这种过分自信麻痹了人们的安全意识。

2. 核安全文化起源

切尔诺贝利核电站事故后，国际原子能机构(IAEA)通过对事故的分析和讨论，确认事故源于一系列人为因素失误——有意识违反操作规程：为完成汽轮机试验，不顾反应堆进入不稳定状态，眼看要发生事故还想试着把试验做完，最终酿成了一场人为的核灾难。国际核安全咨询组(INSAG)在1986年提交的《关于切尔诺贝利核电厂事故后的审评总结报告》中首次使用了"安全文化(Safety Culture) "一词，正式将核安全文化概念引入核安全领域。1988年，国际原子能机构在其《核电厂基本安全原则》中将安全文化的概念作为一种重要的管理原则予以确定，并渗透到核电厂以及核能相关领域中。1991年又发表了《安全文化》一文(INSAG－4)，在核工业界引起了广泛重视和认同，安全文化的建设和评审工作成为核安全"纵深防御"的重要手段。国际核安全咨询组对安全文化的定义是："安全文化是存在于单位和个人中的种种素质和态度的总和，它建立了一种超出一切之上的观念，那就是核电厂的安全问题由于它的重要性必须保证得到应有的重视。"

3. 核安全文化建设是预防违章的有效措施

INSAG认为，"安全文化既是态度问题，又是体制问题；既和单位有关，又和个人有关"。并且认为，安全文化主要由两个方面构成："第一是体制，由单位的决策和管理者的活动所确定；第二是每个人的响应"。INSAG还认为，健全的程序和良好的工作方法若仅仅被机械地执行是不够的，因此主张：安全文化要求所有对安全重要的职责必须被正确地执行，履行时具有高度的警惕性，应有的推理能力，丰富的知识，正确的判断和高度的责任心。因此，核安全文化的实质是建立一套科学而严密的规章制度和组织体系，培养全体员工遵章守纪的自觉性和良好的工作习惯。如果全体员工都有很强的安全意识、责任意识，都将违章视为绝对不可容忍的行为，都有良好的按规程操作的习惯，那么违章操作就没有生存的土壤。所以，加强安全文化建设，培育安全文化氛围，加强和提高安全责任意识和法律意识，是预防违章操作的最根本、最有效的措施。

复习思考题

1. 有意和无意违章的成因是什么？
2. 如何解决有意和无意违章行为？

第八章　核电厂作业人员的工作环境与安全生产的关系

8.1　微气候对作业人员的身心和安全生产的影响

工作环境中的气候称作微气候，它包括工作环境的温度、湿度、气流速度（风速）和热辐射。微气候对人体与环境之间的热交换具有重要所用，是决定人的作业效能、安全和健康的重要因素。

8.1.1　微气候对作业人员身心的影响

（1）工作环境中的温度对人体的影响。工作环境中的温度不仅取决于大气温度，还受太阳辐射和作业场所中热源的影响。工作环境中的温度过高或过低都会对人的身心造成一定的影响。高温环境使消化能力和中枢神经受到抑制，使大脑皮层兴奋过程减弱，影响注意力、记忆力和思维，进而在心理上使员工产生烦躁情绪。低温环境不仅影响手的精细运动灵巧度和双手的协调动作，还会使神经兴奋与传导能力减弱，出现痛觉迟钝和嗜睡状态，进而在心理上使人产生紧张、不安情绪。

（2）工作环境中的湿度对人体的影响。工作环境中的湿度取决于工作环境中的水分蒸发和蒸汽释放，它以空气的相对湿度表示。空气相对湿度通过影响人与环境之间的热交换，进而影响人体的温热感。长期的低温高湿环境，容易导致关节疼痛等疾病。

（3）工作环境中的气流速度对人体的影响。工作环境中的气流速度不仅受外界风力的影响，还受室内外温差的影响。室内外温差越大，产生的气体对流感就越大。气流速度主要影响人体与环境之间的热交换以及人对空气的清新感。核电厂工作场所大多密闭，空间狭窄，空气不流畅。

（4）工作环境中热辐射对人体的影响。工作环境中热辐射主要指红外线及一部分可见光。太阳及工作环境中的各种热源均能产生大量热辐射。热辐射分为正辐射和负辐射。正辐射有利于人体吸热取暖，负辐射有利于人体散热降温，但在寒冷季节负辐射容易使人受凉、感冒。

（5）特殊微气候对人体的影响。核电厂特殊且重要的微气候是核辐射环境，可能的气溶胶悬浮物、活化或裂变产物等都会对作业人员身心产生重要影响。

应该强调的是，组成微气候的各个物理要素对人体的影响是综合的。例如，湿度升高所带来的影响可由风速的增大来抵消。

8.1.2　微气候与安全生产

不适微气候造成的心理状态不佳，会使人的责任感和生产积极性受到消极影响。另外，不适微气候造成的体能下降也会使人工作力不从心。研究表明，最佳的工作环境温度是

20 ℃左右，这时作业效率最高，出错率最低；当环境温度低于 15 ℃或高于 25 ℃时，人的思维和体力就开始受到影响，出现作业效率下降、出错率增大的现象；当气温高于 30 ℃左右时，心理状态开始恶化，如开始烦闷、心慌意乱；当气温达到 50℃时，人体一般只能忍受一小时左右。

不适的微气候环境容易导致事故发生，主要有两个原因：第一，作业人员心理状态不佳，注意力分散，反应迟钝，思维迟缓，记忆减退，辨识力差以及心情紧张、烦躁、慌乱等都容易使操作失误增多，对异常情况的出现觉察不及时；第二，作业人员的体能下降也会使其力不从心，尤其是在低温条件下，作业人员手的柔性和灵敏性降低，很容易出现动作失误。

在不适的微气候环境中，为了保证安全生产，作业人员要特别注意调整自己的心理状态。人对环境的适应能力也是不同的。年龄、体质、性别及心理状态的不同，可以使人对相同的环境产生不同的感觉。在这种情况下，有顽强的意志和高度的责任心是很重要的。虽然不适的环境使人产生了各种不良的反应，但是顽强的意志和高度的责任心在一定程度上仍能帮助人克服惰性，调动人的各种潜能，顺利完成工作任务。

8.1.3 改善微气候环境的措施

(1) 改善高温作业环境。高温作业环境的改善应从生产工艺和技术、保健措施、生产组织措施等几个方面入手。生产工艺和技术措施包括合理设计生产工艺过程，屏蔽热源，降低湿度，增加气流速度等。保健措施包括合理供给饮料和补充营养，合理使用劳保用品和进行员工适应性检查等。生产组织措施包括合理安排作业负荷，合理安排休息场所和职业适应等。

(2) 改善低温作业环境。改善低温作业环境应做好以下工作。包括：做好采暖和保暖工作，提高作业负荷，个体保护和采用热辐射取暖等。此外，工作环境涂着暖色，会给作业人员带来温暖的心理感觉。

(3) 防核辐射：核电厂作业人员在高放射性环境下作业时，应采取穿戴防护服及设备，或在负压工作间操作等措施。

8.2 噪声、振动对作业人员的身心和安全生产的影响

8.2.1 噪声对作业人员身心和安全生产的影响

(1) 噪声对人体的影响。噪声是指由各种不同频率和不同声压级的声音杂乱组合而成的声音。在现代生产生活中，噪声是严重危害人体身心健康的三大公害之一。噪声对人体的影响主要包括生理和心理两个方面。对生理的影响包括：影响人的听觉和对危险信号的觉察；引起新陈代谢的破坏和血液成分的改变；影响人的视觉功能，造成视力下降等。对心理的影响包括：影响人的情绪，使人紧张和烦躁；干扰、分散人的注意力，使活动和思路瞬间停止；高声压级噪声使大脑皮层兴奋和抑制失调，脑功能紊乱，对心理产生压制，改变血压，导致烦躁、幻觉等。

(2) 噪声与安全生产。噪声不但影响作业效率，同时也影响工作质量和安全。对于脑力劳动的工作，噪声会影响人的注意力的思路，引起差错，降低作业效率。对于需要经过学

习后才能从事的工作，噪声将会降低工作质量；对于不需要集中精力进行的工作，人会对中等噪声级的环境产生适应，但要保持原有的工作能力，需消耗较多的精力，从而会加速疲劳。强噪声环境能够遮蔽危险报警信号，易诱发事故。

(3) 改善噪声作业环境的措施。主要包括：噪声源控制、噪声传播的控制、个人防护和音乐调节等。

8.2.2　振动对作业人员身心和安全生产的影响

(1) 振动对人体的影响。振动是指物体沿直线或弧线经过某一平衡位置的往复运动。在生产活动中，不仅接触振动的作业很多，而且振动对人体身心健康的危害也十分严重。振动影响人的视觉认知能力、信息处理能力、操作能力和运动协调能力。振动超过疲劳阈值时，精力、注意力、作业效率都会受到影响；振动超过危险阈值时，不仅会对心理、生理产生影响，还会导致病理性的损伤和病变。

(2) 振动与安全生产。由于振动干扰视觉，影响手的动作，精力也难以集中，从而造成操作速度下降、作业效率降低，诱发事故。

(3) 改善振动作业环境的措施。振动是不能完全消除或避免的，对振动的防护主要是减少和避免振动对作业人员的危害。主要包括：使用可以减轻振动强度的技术，制定科学合理的劳动制度，合理使用防护用品及定期体检等。

8.3　光与色彩环境对作业人员的身心和安全生产的影响

在工作过程中，大约80%以上的信息是由视觉得到的，良好的光环境能减轻视疲劳，减少工作失误，提高生产安全。

8.3.1　照明对作业人员身心和安全生产的影响

(1) 照明对人体的影响。照明对人体的影响主要包括生理和心理两个方面。对生理的影响包括：照明对眼睛影响最大，光照条件差，会导致视觉效率下降，引起视疲劳，甚至会造成眼的各种折光缺陷或提前老花；照明还会影响人的中枢系统和肌体活动，长期在低质量光环境下工作，不仅会引起眼睛局部疲劳，也会引起全身性疲劳。对心理的影响包括：照明影响人的情绪，明亮的环境使人心情愉快，阴暗的环境使人压抑，照明太强或有眩光会使人烦躁、厌烦和紧张；光照条件差还容易引起认知错误，降低人的观察力，使人辨识困难，产生疲劳与正确辨识之间的动机斗争，造成犹豫和反应迟缓，对人的意志和兴趣产生消极影响，导致人产生挫折感，影响思维能力和想象力，并影响记忆力。

(2) 照明与安全生产。事故的数量与工作环境的照明条件有密切的关系。事故统计资料表明，事故产生的原因是多方面的，但光照不足是重要的影响因素。光照不足引起的视力下降、视觉损伤和视疲劳，常常导致作业效率的降低和事故的发生。相反，光照适宜可以减轻视疲劳，有助于提高工作兴趣、工作速度和精确度，减少差错率，不仅对手工劳动，而且对脑力劳动都有助于提高工作效率。但照度过强或有眩光，又会破坏暗适应，产生视觉后像，引起视觉机能的降低，使工作效率显著降低。

(3) 工作环境中照明的优化设计。工作环境的照明要符合安全生产的要求，要达到眼睛舒适和视觉优良的效果，就必须保证照度适宜，照明均匀、稳定，适当的亮度对比等要求。在照明的优化设计中应重点关注以下几个方面：① 适宜的照度，避免眩光。照度不足、照度过大或有眩光，都会引起视疲劳，影响工作效率和生产安全。② 照明的均匀性。如果工作表面亮度很不均匀，当眼睛从一个表面移到另一个表面时会发生视适应，使视力出现短暂的下降，影响工作效率和安全生产。③ 照明的稳定性，照明的稳定性直接影响照明的质量，人在明暗频闪的环境中工作，也会发生视适应，若频繁地出现这种情况，就会产生视疲劳，影响作业效率，诱发事故。④ 光色效果和光源选择。在照明设计中，应该最大限度地选择自然光。选择人工光源时，其光谱成分也应尽量接近自然光。⑤ 亮度的对比分布。在视野内存在不同亮度，且有一定的反差时，就容易分辨前后、深浅、高低和远近，且会使人感觉舒适，动作活跃，能够提高作业效率。但如果只是工作面明亮而周围较暗时，动作会变得稳定、缓慢。如果四周很昏暗，就会引起不愉快的感觉，导致工作效率下降。

8.3.2 色彩环境对作业人员身心和安全生产的影响

（1）色彩对人体的影响。色彩对人体的影响主要包括生理和心理两个方面。颜色的生理作用主要表现在对视疲劳的影响上。就引起视疲劳而言，蓝、紫色最深，红、橙色次之，黄绿、绿蓝、绿、淡青等颜色引起视力疲劳最小。颜色的生理作用还表现在眼睛对不同色光有不同的敏感性，其中眼睛对黄色最敏感，故常用黄色作警戒色。此外，颜色对人的生理机能也有影响。例如，蓝色会使人的各种器官机能稳定，起到降低血压及减缓脉搏的作用。颜色对心理的影响包括色调、明度和彩度的心理效应。① 色调的心理效应。不同的色调对人的心理有不同的影响。例如，黄色使人产生愉快、健康、明朗、轻快、希望、明快和光明的心理效应。根据颜色对人的心理效应，一般把颜色分为暖色系、冷色系和中性色三大色系。不同色系的颜色有着不同的心理效应，例如，暖色系使人产生温暖、兴奋和近的感觉。② 明度的心理效应。不同的明度对人的心理影响也不同。例如，明度为暗调时，使人产生阴沉、寂寞、悲伤和刺激的心理效应。明度的心理效应还会引起人们心理上的其他感觉，高明度时，使人产生轻、轻松、柔软和清洁的感觉。③ 彩度的心理效应。不同的彩度对人的心理影响不同。例如，灰度使人产生沉闷、混浊、烦恼和抽象的心理效应。

（2）工作环境中色彩的优化设计。营造良好的色彩环境，可以改变人对工作环境的印象，达到以下效果：增加明亮程度，提高照明效果；标志明确，识别迅速；改变人的情绪和注意力，减少差错率，提高工作效率，保证生产安全；使人感到心情舒畅，减轻疲劳；改变人对工作环境的温度感；使工作场所变得清新、洁净，增加环境的安静感。① 工作环境用色。颜色的选用应考虑颜色的生理和心理效应以及工作环境的用途和性质。应从色调、明度和彩度三个方面优化设计方案。② 系统设备和工作面用色。系统设备的主要部件、辅助附件、控制器、显示器的色彩应按规范的要求配色。为了防止误操作，主要部件、可动部件和特别需要注意的地方也应涂以特殊色彩。③ 安全标志用色与技术标志用色。用色彩传递安全信息，使人们迅速发现和分辨安全标志，早已被世界各国所采用。国家标准规定安全色为红、黄、蓝、绿四色，相应的对比色为非彩色。例如，红色的含义为停止、禁止和高度危险，其对比色为白色。色彩也应用于技术标志中，表示材料、设备或包装物。例如，一些管道的色彩标志。④ 其他方面用色。色彩可以从心理上减轻人们对环境污染因素的不良感受。例如，选择彩度高、明度低的色彩，可在某种程度上减轻人对空气中毒物和粉尘污染的不良感觉。

(3) 色彩的优化设计在核电厂的应用。比如控制区的分区，按放射性强度分为红区、橙区、黄区、绿区；各种警示标志；管道和系统利用色标来区分；放射性废物收集袋以可回收、不可回收来区分；以安全帽的不同颜色来区分电厂工作人员、辐射防护人员和承包商人员；在乏燃料水池附近工作时，不能使用透明塑料袋，以防在其落入水池时不能及时发现。

8.4 案例分析

标题：根据心理特征进行作业环境的照明设计

描述：

照明对员工的工作效率、安全和舒适的影响主要取决于它对员工的视觉机能的心理、生理效应。如员工在黑暗的环境中，表现为活动能力降低，忧虑和恐惧。在光线充足或照明良好的环境，员工则有积极的情绪体验，因此必须根据员工的视觉特点来设计作业环境的照明，否则，容易引发事故。国内某核电厂环境科工作人员在从事化学放样工作时发生放样错误的人因失误。在进行原因分析时发现，灯光昏暗看不清设备进而导致误判断是主要原因之一。放样、取样地点现场环境黑暗，操作点上方没有灯，左右 5 米以外才有日光灯，照度严重不足，据职业医疗检测，1 号、2 号机组的 4 个取样点机柜内的照度均低于仪器的检测限(＜30 lx)。

反思和分析：

上述事件的原因分析表明，根据心理特征进行作业环境的照明设计是保证安全生产，避免人因失误的重要措施。根据心理特征进行照明设计的原则包括以下三个方面：

(1) 自然采光。在设计厂房建筑物时应最大限度地考虑使用自然光，最好采用综合采光(即同时采用侧方、上方的采光)。因为单独采用侧方采光或上方采光，都会使室内照度不均匀，既会影响工作效率，又容易发生事故。当自然采光不能满足视觉要求时，应采用人工照明补充。

(2) 适宜的照度。作业照明应在工作地点与周围环境形成适宜的照度。这是对照明的一般要求。作业场所的照明分为三种，即自然照明、人工照明和自然及人工混合照明。按范围又可分为全面照明、局部照明以及全面与局部结合的综合照明。有些国家规定，一般照明的照度不小于 500 lx，全面照明的照度在 500～1000 lx 时较好。对于常用的照度都有参照标准，例如，短时间使用的场所(室内)的照度在 50～100 lx。局部照明和一般照明必须协调，一般照明的照度不应过分低于局部照明，也不应与局部照明相同，更不允许高于局部照明。一般照明的照度应不低于混合照明总照度的 5%～10%，并且其最低照度不应少于 20 lx。

(3) 好的光线质量。好的光线质量也是照明的一般要求。物体与背景的对比度、光的颜色、炫光和光源的照射方向均属于光的质量。为了看清物体，应使其背景更暗一些，即有一定的对比度。若识别物体的轮廓，应使对比度尽可能大些。但在观察物体细部时，应使物体与背景之间的对比度最小，这时才能看清细部结构。要注意室内作业区与环境照明之比，若超出限度，会影响工作效率，容易发生事故。光源方向十分重要，应避免作业面和通道产生阴影，因为作业面和通道的阴影常会造成事故。正确选择照明方向，可消除阴影和反射，在照明设计安装时应予以考虑。同时注意防止灯光直射和眩光的产生。为保护眼睛不受灯光的直射和防止眩光，在直射式和扩散式照明时，需限制光源亮度，提高灯的悬挂高度和采用带有一定保护角的灯具以及其他防止眩光的措施。

(4) 保证照度的稳定性和均匀性。进行作业环境的照明设计时应充分考虑照度的稳定性和均匀性。如果照度不稳定(闪烁或忽暗忽明)或分布不均匀，不仅有碍视觉，而且不易分辨前后、深浅和远近，以致影响工作效率和发生事故。

(5) 安全要求。照明设备应符合其他安全措施的要求，如不应有造成电击和火灾的危险，符合用电安全要求，符合事故照明要求。

根据心理特征的照明设计原则进行作业环境的照明设计，对减少生产事故，保证人一机一环系统的安全具有非常重要的意义。上述事件中，员工的作业场所的照明设计就在一定程度上违背了设计原则，在采光、照度和光线质量等方面存在设计缺陷。

复习思考题

1. 改善微气候环境的措施有哪些？
2. 如何对工作环境的噪声、振动、光、色彩等因素进行优化设计？

第九章　激励与安全生产的关系

9.1　激励的理论和实践

9.1.1　激励理论简介

做好员工的激励工作，必须掌握激励理论。从 1924 年开始的霍桑试验，开创了行为研究的先河。行为研究的发展，也引起了以研究人的行为为主的激励理论的发展。从 20 世纪 50 年代以来，有代表性的激励理论有十余种，这些理论从不同的侧面研究人的行为动因，但每一种理论都具有其局限性，不可能用一种理论去解释所有行为的激励问题。各种理论可以相互补充，使激励理论得以完善。下面简要介绍比较有影响的一些激励理论。

(1) 需要层次理论。在所有的激励理论中，最早的也是最受人瞩目的理论，是由美国心理学家亚伯拉罕・马斯洛提出的需要层次论。马斯洛认为，人的需要按重要性程度分为五个层次：生理需要、安全需要、归属需要、尊重需要和自我实现需要。马斯洛认为，人的五个层次的需要是由低向高排列的。如果要按马斯洛的观点去激励员工，就必须掌握员工所处的需要层次，尽量去满足他的需要。同时，又必须了解员工需要的变化，使之需要得以持续满足。应当指出的是，马斯洛的需要层次也会有例外现象，如需要层次的跳跃，也就是下一层次的需要没有满足而直接表现为上一层次的需要。

(2) 双因素理论。1957 年，美国心理学家赫茨伯格提出的“激励因素－保健因素”理论，简称双因素理论。他将人的行动动机因素分为与工作的客观情况有关的保健因素和与工作有内在联系的激励因素两大类。保健因素的满足只能防止员工对工作的不满，激励因素的改善却可激发员工的积极性并产生满足感。与需要层次论比较，保健因素相当于人的较低层次的需求（生理、安全和归属的需要），激励因素相当于人的较高层次的需要（尊重、自我实现的需要）。在安全管理中，首先应重视保健因素的满足，在此基础上，再充分利用激励因素对员工进行安全生产的激励作用。将安全生产的近期目标和发展规划以不同的形式反馈给员工，以增强员工对安全生产的信心。同时，要正确区分两类因素，做到因人而异，并防止激励因素向保健因素转化。

(3) 强化理论。强化理论又称为矫正理论，它是由美国心理学家斯金纳提出来的。此理论强调人的行为与影响行为的环境刺激之间的关系，认为管理者可以通过不断改变环境的刺激来控制人的行为。强化包括积极强化、消极强化和自然消退三种类型。其中积极强化用于加强所期望的个人行为；消极强化和自然消退的目的是为了减少和消除不期望发生的行为。三者相互联系、相互补充，构成了强化的体系，并成为一种制约或影响员工的行为的特殊环境因素。在实际应用中应以积极强化为主，慎重采用消极强化（尤其是惩罚）手段，注意强化的时效性，同时因人而异，采用不同的强化方式，利用信息反馈增强强化效果，以使强化机制协调运转并产生整体效应。强化理论在激励安全行为的方面具有重要作用。

(4) 挫折理论。挫折理论主要揭示人的动机行为受阻而未能满足需要时的心理状态，并由此而导致的行为表现，力求采取措施将消极行为转化为积极性、建设性行为。挫折的形成是由于人的认知与外界刺激因素相互作用失调所致，是一种普遍存在的心理现象，它的产生是不以人的主观意志为转移的。挫折感因人而异，即使客观上挫折情境相似，不同的人对挫折的感受也会不同，所受的打击程度也就不同。挫折一方面可增强个体的心理承受能力，使人猛醒，吸取教训，改变目标或策略，从逆境中重新奋起；另一方面，也可使人们处于不良的心理状态中，出现负向情绪反应，并采取消极的防卫方式对付挫折情境，从而导致不安全的行为反应。在安全生产活动中，应重视挫折问题，采取下述措施：帮助员工用积极的行为适应挫折，如合理调整无法实现的行动目标；改变受挫折员工对挫折情境的认识和估计，以减轻挫折感；通过培训提高员工的工作能力和技术水平，增加个人目标实现的可能性，减少挫折的主观因素；改变或消除易于引起员工挫折的工作环境，减少挫折的客观因素；开展心理保健和咨询，消除或减弱挫折心理压力。

(5) 期望理论。1964 年，佛隆提出了管理中的期望理论。此理论的基本点是：人的积极性被激发的程度，取决于他对目标价值估计的大小和判断实现此目标概率大小的乘积。期望理论明确地提出，员工的激励水平与企业设置的目标效价(是指达到目标对于满足他个人需要的价值)和可实现的概率有关，这对企业采取措施调动员工的积极性具有现实的意义。首先，企业应重视安全生产目标的结果和奖酬对员工的激励作用。其次，要重视目标效价与个人需要的联系。同时，要通过宣传教育引导员工认识安全生产与其切身利益的一致性，提高员工对安全生产目标及其奖酬效价的认识水平。最后，企业应通过各种方式为员工提高个人能力创造条件，以增加员工对目标的期望值。

(6) 公平理论。公平理论是美国心理学家 1965 年提出的。它的基本要点是：人的工作积极性不仅与个人实际报酬多少有关，而且与人们对报酬的分配是否感到公平更为密切。公平理论可用公平关系式来表示。设员工 A 和被比较对象 B，则当 A 感觉到公平时有下式成立：$O_A/I_A=O_B/I_B$

式中：I——表示个人所投入(付出)的代价，如资历、工龄、教育水平、技能、努力等；

O——表示个人所获得的报酬，如奖金、晋升、荣誉、地位等。

若 $O_A/I_A=O_B/I_B$，人们就会有公平感；若 $O_A/I_A<O_B/I_B$，人们就会感到不公平，产生委屈感；若 $O_A/I_A>O_B/I_B$，人们也会感到不公平，产生内疚感。一般而论，人的内疚感的临界阈值较高，而委屈感的临界阈值较低，因此委屈感对员工的影响大。在安全管理中，应该重视公平理论所揭示的员工安全工作行为动机的激发与员工的公平感的联系，预防不公平感给员工在安全生产中带来的消极影响。

9.1.2 激励实践

激励理论多种多样，企业的实际情况又千变万化，所以无法用一个统一的方式去激励员工。下面简要介绍常用的激励方式。

(1) 目标激励。目标激励是指给员工确定一定的目标，以目标为诱因驱使员工去努力工作，以实现自己的目标。目标激励要求把企业的管理目标与员工的个人目标结合起来，使企业目标和员工目标相一致。员工为追求目标的实现会不断努力，发挥自己最大的潜能。

(2) 参与激励。参与激励是指让员工参与企业管理，使员工产生主人翁责任感，从而激励员工发挥自己的积极性。所以，参与激励就是要让员工经常参与企业重大问题的决策，让员工多提合理化建议，并对企业的各项活动进行监督和管理。员工会亲身感受到自己是企业的主人，企业的前途和命运就是自己的前途和命运，个人只有依附或归属于企业才能发展自我，从而激励员工把全身心投入到企业的事业中来。

(3) 领导者激励。领导者激励主要指领导者的品行给企业员工带来的激励效果。企业领导者是企业的核心，是员工的表率，是员工行为的指示器。如果领导者清正廉洁，对物质的诱惑不动心，这样的领导者本身对员工就是莫大的鼓舞，激发员工的士气。如果领导者具有较强的业务能力，能给企业带来较高的经济效益，有助于员工的需要满足和价值实现，会对员工产生巨大的激励作用。

(4) 关心激励。关心激励是指企业领导者通过对员工的关心而产生的对员工的激励作用。企业的员工，以企业为其主要的生存空间，把企业当做自己的归属。如果企业领导者时时关心员工疾苦，了解员工的具体困难，并帮助其解决，就会使员工产生很强的归属感，会对员工产生激励效果。

(5) 公平激励。公平激励是指企业领导者在企业的各种待遇上，对每一员工公平对待所产生的激励作用。只要员工等量工作成果获得等量待遇，企业就会形成一个公平合理的环境。

(6) 认同激励。认同激励是指企业领导者对员工的劳动成果和工作成绩表示认同而对员工产生的激励作用。虽然有一些人愿意做无名英雄，但那毕竟是少数，绝大多数人都不愿意默默无闻地工作。员工取得了一定的成绩后，需要得到大家的承认，尤其是得到领导者的承认。

(7) 奖励激励。奖励激励是指企业以奖励作为诱因，驱使员工采取最有效、最合理的行为。奖励激励通常是从正面对员工进行引导。企业首先根据企业管理的需要，规定员工的行为如果符合一定的行为规范(如安全规程等)，员工可以获得一定的奖励。员工对奖励追求的欲望，促使他的行为必须符合行为规范，同时给企业带来有益的劳动成果。

(8) 惩罚激励。惩罚激励是指企业利用惩罚手段，诱导员工采取符合企业需要的行动的一种激励(它与奖励激励正好相反)。在惩罚激励中，企业要制定一系列的员工行为规范，并规定逾越了行为规范，根据不同的逾越程度，确定惩罚的不同标准。

9.2 核电厂安全管理工作的激励原则

“物质激励和精神激励并重”，是核电厂安全生产管理中用以调动员工在安全生产中的积极性的基本激励原则。

物质激励主要指满足员工物质利益方面的需要所采取的激励，例如，奖金、奖品、增加工资、提高福利标准等；精神激励主要指满足员工的精神需要所采取的激励，例如，表扬、评先进、委以重任、提升等。这两种激励手段，从内容和形式上有所区别，但两者之间存在一定的联系。以安全奖金为例，它属于物质激励的范畴，员工从金钱、物质上获得利益，具有经济上的刺激作用，这仅为其外显部分。但是，有限的奖金常常成为员工估价自我价值的存在和工作绩效的大小的一种心理上满足的尺度，员工总是将其在安全生产中的贡献值与奖金分配的实现值的相对比值与他人比较，因此，在安全奖的分配中，蕴含着较大的精神奖励成分。核电厂对员工在安全生产中贡献的肯定程度，可激发员工的成就感。以评选先进个人(集体)而论,它是一种精神激励的方式,通过评选活动对员工在安全生产中的绩效或贡献,以社会承认的形式予以肯定,从而满足了员工的尊重需要和自我实现的需要。作为先进工作者(或集体),由于获得先进称号而产生荣誉感,这种荣誉感会导致积极的心理不平衡,从而形成内在“压力”,激发员工的积极性。虽然,精神激励的表现形式上可有物质利益的内容,但并非一定有着必然的联系(如能通报表扬并不一定发奖品)。

物质需要是基础,而精神需要属较高层次的需要,物质激励反映了员工对物质利益需要的满足,因此,它是核电厂基本的激励形式;精神激励反映了员工对需要追求的升华,它是不能以物质激励代替的,尤其是随着社会的发展,物质生活条件逐渐丰富,员工对自尊、成就、理想的实现等精神需要的满足欲望越来越强烈,对精神激励的要求必然显得更加突出;再者,物质激励的作用遵循“边际效应”递减的原则,在短时期作用明显,但当达到一定程度时,激励作用就开始消退,其“边际效应”将趋向为零。而精神激励的作用一般比较持久,而且对员工的激发更加深刻,但是精神激励在一定条件下也是有限的。

核电厂应将物质激励与精神激励结合起来,适时地应用多种形式的奖励方法,以丰富激励的内容,满足员工的合理需要,使员工处于最佳激励状态,从而达到充分调动员工的积极性、主动性和创造性的效果。

9.3 激励实施应注意的问题

在核电厂安全生产管理中,对员工进行激励是一种有目的的行为过程,其目的在于激发员工的安全动机,调动员工实现安全生产目标。因此,如何最大限度发挥激励行为的有效性,是应该注重的课题,这涉及如何正确实施激励的一些基本问题。

(1) 激励时间的选择。在安全生产过程中选择最佳激励时间,以求取得最佳激励效果,这就是激励的时效性。激励时间可分为超前激励、及时激励和延时激励。超前激励是在开展某项工作之前,就明确将完成预定任务与激励的形式、标准挂钩。它一般适于内容丰富且时间较长的安全生产活动。及时激励是在工作周期内适时地进行激励,以求及时地取得“立竿见影”的效果。延时激励是指在工作任务完成后,根据完成任务的情况给予奖励,仅对今后的工作任务起到一定的激励作用。核电厂管理者要善于把握激励时机,并将上述三种激励有机地结合起来,才会收到事半功倍的效果。

(2) 激励程度的确定。指对安全生产活动中取得成效的集体或个人进行奖励的标准。要视员工完成安全生产任务的大小和艰巨程度而定,它主要受激励目标所制约。核电厂应善于根据激励目标的大小和核电厂的具体情况,恰如其分地确定激励的最佳适度,以求取得预期的激励效果。

(3) 激励方式的更迭。指物质激励和精神激励的交替应用。由于这两种激励方式均具有“疲劳效应”的特点,并易于从激励因素转变为保健因素。因此,可采取两种办法来预防这种“疲劳效应”:其一,将两种激励方式巧妙地合起来并进行更迭,在某一时期以某种激励方式为主,并辅以另一种形式,也可根据激励目标的不同进行激励方式的更迭;其二,采取符合员工心理要求的多样化的方式,在激励的内容和形式这两个维度上丰富激励的内容。不千篇一律地按常规方式进行,有时可能在激励效果上更具有积极意义。

9.4 群体、非正式群体与安全生产的关系

9.4.1 群体的凝聚力与安全生产

由两人以上组成并以一定方式的共同活动为基础结合起来的集合体，称为群体。亦即具有共同目标，心理上互相依附，行动上交互作用、互相影响，情感上具有集体意识和归属感的一群人，如核电厂的班组，就是一个生产群体。群体的凝聚力是指群体对其成员的吸引力和群体成员之间的相互吸引力。凝聚力大的群体，成员的向心力也大，有较强的归属感，集体意识强，能密切合作，人际关系协调，愿意承担推动群体的责任，维护群体利益和荣誉，能发挥群体的功能。影响群体凝聚力的因素很多，主要包括成员的共同性、群体的领导者与成员的关系和成员对群体的依赖性等。

群体的凝聚力与安全生产关系，取决于群体的目标和利益与企业是否协调一致，以及群体的规范水平。一般来说，群体的目标和利益与企业整体的目标和利益总是相一致的，因此，凝聚力大的群体安全生产的绩效也较好，当安全生产绩效卓越受到奖励时，又会进一步提高群体的凝聚力。心理学家沙赫特曾在严格的控制条件下，研究了群体凝聚力与生产效率的关系。沙赫特的实验给出两点启示。

(1) 如果班组等群体的安全生产目标与核电厂的整体目标一致，其安全生产目标规范水平就高；群体凝聚力越高，安全生产活动的成效就越好，效率也越高。反之，当班组等群体的安全生产目标与企业整体目标不一致时，其安全生产目标规范水平就偏低；群体凝聚力低，其安全生产活动的效果就不会好。

(2) 核电厂管理者不仅要重视各种群体的凝聚力，而且要重视提高各群体及其成员对安全生产的认识水平，积极诱导他们不断提高安全生产的规范水平，克服消极因素，使群体的凝聚力在保证实现核电厂安全生产目标中起到积极的作用。

9.4.2 非正式群体与安全生产

非正式群体一般指没有明文规定而自然形成的群体。非正式群体是以成员之间的感情和需要作为纽带自然形成的群体。例如，班组中的同乡、同学形成的群体等。核电厂非正式群体的出现和存在并非偶然，它是员工为了满足正式群体之外的某些心理上的需求而逐渐形成的。例如，社交的需要、爱好兴趣的需要、归属的需要等。根据非正式群体形成的原因，可分为情感型、兴趣爱好型和利益型。根据非正式群体的效应，可概括为积极型、消极型和破坏型。

由于非正式群体是员工为满足某些心理需要而自愿结合而成的，因此各成员的认识类同，情感共鸣，行动协调，凝聚力较强。此种群体在一定程度上能满足成员的心理需要，成员对此群体有归属感。群体成员的行为受群体中自然形成的“规范”调节和制约。此种群体内的信息沟通渠道畅通，传递迅速。

非正式群体的作用具有两重性，对核电厂的安全生产活动可表现为正向的(积极的)和负向(消极的)影响。如果正确引导，非正式群体可弥补正式群体的不足，在实现安全生产目标中发挥重要的作用；反之，则会干扰安全生产目标的实现。非正式群体的积极作用在于，

可使其成员获得心理需要的满足，有助于核电厂建立安定团结的心理气氛，能加强群体内的意见沟通，在协助核电厂实现安全生产目标方面，可能起到推进作用。成员之间还可能通过潜移默化的方式，对成员在安全生产活动中的行为发生积极的影响。非正式群体的消极作用在于，当成员对企业出现不满情绪时，易引起非正式群体的其他成员的同情，出现不正常的心理气氛，甚至对企业产生抵触情绪，如传播“小道消息”，不服从工作安排等，从而导致不利于安全生产的行为。因此，必须充分重视和探讨非正式群体的内在规律，遏制其消极作用，发挥其积极作用，引导非正式群体为核电厂安全生产服务。

(1) 应重视非正式群体的价值。核电厂必须认识到，非正式群体是客观存在的，是不依人的意志而转移的，对待非正式群体采取否认、放任和压制的态度，均不利于核电厂的安全生产活动，承认它，善于因势利导，才能使非正式群体有利于企业安全生产目标的实现。非正式群体虽有其自身的特点，但总是部分地体现正式群体的价值，也就是说，它对企业、群体会发挥一定的效应。例如，“桥梁作用”，非正式群体的特点之一，是信息传递迅速，企业可通过它掌握员工中存在的思想动态，以求集思广益，及时改进安全生产管理工作。企业可通过非正式群体成员之间相互关心的特点，开展思想交流工作，以稳定情绪，提高士气。

(2) 采取多种形式发挥非正式群体的正向效应。核电厂中可存在各种有形的和无形的非正式群体，应根据非正式群体的不同性质和特点，采取多种形式积极诱导。例如，在组织员工开展文体活动时，可定期组织爱好体育活动或文艺活动的非正式群体成员和其他员工开展文娱体育活动，以活跃核电厂的业余生活，既可缓解生产任务紧张、单调所带来的不利影响，又可和谐电厂的心理氛围，协调人际关系，对安全生产是有益的。在企业安全生产管理制度上，可广泛征求各种类型的非正式群体的意见，以利于制度的群众性、科学性和可行性。

(3) 采取有效措施限制非正式群体的负效应。积极疏导，使其改变消极的规范，进而改变其消极的行为。有的非正式群体热衷于业余“不正当”的活动，上班时无精打采，影响安全生产，管理人员应讲明危害，积极疏导，并予以禁止。

9.5 士气、人际关系与安全生产的关系

9.5.1 士气与安全生产

士气是指企业员工对企业的目的感到认同和需要获得满足，愿为达到组织的目标而奋斗的精神状态，是企业员工在安全生产活动中所形成的共同态度和情绪。一般来说，具有高昂士气的群体具有高凝聚力，具有处理内部冲突和适应外部变化的能力，成员了解和支持群体的奋斗目标，成员之间有强烈的认同感。企业员工的士气，反映了企业安全生产活动的有机结构的某一个或某些组成部分所发挥的作用。因此，此种群体行为心理状态，对实现企业安全生产目标具有较大的影响。对于士气问题，拿破仑曾指出：“一支军队的实力，四分之三是由士气因素决定的。”因此，企业内士气的激励问题，已成为现代企业安全生产管理的一个重要问题。提高群体在安全生产活动中的士气的途径主要包括：

(1) 企业领导者“身先士卒”。这对鼓舞士气具有重要的作用，如果领导者能深入生产第一线与员工同甘共苦，倾听群众意见，又能秉公办事，坚持以身作则，认真遵守安全技术规

范，就会增强群体成员对群体的认同感，群体的凝聚力自然更强，从而易于激发群体成员在安全生产活动中的士气。

（2）为群体创造一个良好的心理环境。首先应为群体创造一个安全的工作环境，使员工获得安全感，以满足员工的基本的心理需要，这对提高士气是极为重要的。在此基础上，尽力做好群体成员间的心理协调，增大心理相容性。必要的信息沟通，有利于互相信赖，增强归属感，使群体成员在工作中有一个良好的心理氛围，对群体的士气高涨极其重要。

（3）运用各种激励方式进行激励。企业可有组织地开展各种竞赛活动，满足员工的荣誉感。这是一种激励士气的有效方式。企业还可通过精神激励和物质激励相结合的方式，对在工作中绩效突出的群体进行奖励，这不仅可以在一定程度上满足群体成员自我实现的需要，增进成员的归属感，而且可以培育团队意识，进一步加强鼓舞士气的内在力量。

9.5.2 人际关系与安全生产

人际关系是指在社会实践过程中，个体所形成的对其他个体的一种心理倾向及其相应的行为，也就是说，它是人们在相互交往和联系中的一种心理关系。人际关系是以人的情感为联系纽带的。人际关系对人的行为可起到积极的作用，也会起到消极的作用，它对企业安全生产活动有以下影响。

（1）影响群体的凝聚力。人际关系和谐促进企业群体凝聚力增强，表现为群体成员团结一致。如果人际关系紧张，矛盾重重，势必影响群体的凝聚力。

（2）影响群体的绩效。人际关系和谐有助于群体成员工作积极性的发挥，从而提高群体及其成员在安全生产中的绩效，反之，其效果迥异。

（3）影响安全。人际关系与企业员工在生产活动中的安全行为直接有关。如果群体成员之间人际关系失调，会使人们产生紧张情绪，注意力分散，导致操作失误，甚至导致事故的发生。

（4）影响企业员工的心理健康。人际关系严重不和谐时，可使人的心理发生障碍，甚至引起心身疾病。

因此，企业内的人际关系对安全的影响问题，已成为安全心理学的一个重要研究课题。影响人际关系密切程度的因素主要包括：距离的远近，人际交往的频率与内容，态度的相似与志趣的相投，需求的互补性等。了解了影响人际关系的主要因素，也就找到了调整、改善人际关系的突破口。改善不良的人际关系的途径主要包括：增强交往，沟通情感；珍视友谊，增强信任；共同学习，交换意见；互相关心，互相帮助；严于律己，宽以待人；改变不良行为，陶冶性情。

应该特别强调的是，人际关系是人与人之间的事，因此，人际关系的改善也必须双方（或多方）共同努力、共同维护才能成功。只有这样，才能真正创造一个有利于安全生产的融洽、和谐的群体氛围。

9.6 案例分析

标题：防人因失误工具在核电厂班组安全管理中的应用

描述：

在复杂工业系统中，随着设备（硬件和软件）可靠性不断提高，由人的因素而诱发的事故已成为最主要的事故源之一。核电厂就是典型的复杂工业系统，员工在核电厂的生产活动是由班组成员集体完成的。班组运作可以探查与恢复人的失误，亦可以产生失误，主要的原因是所谓的“群体思维”。其背后的原因往往是班组成员把维系良好的人际关系置于寻找最佳决策方案之上，因而导致错误结果。因此在以班组为出发点考虑员工的失误时，不但要考虑他们如何产生失误，而且要考虑他们为什么没有纠正失误和人际关系是如何引起失误发生的。有学者对核电、航空和造船三个行业的近百件事故进行了分析，包括21个核工业事故、21个航空事故和25个造船事故。其中，28项班组失误有13项发生在核工业，8项发生在航空业，9项发生在造船工业。核工业事故中班组失误的比率最高。在对国内核电厂人因事件的统计分析中也发现，由于交流不充分、监护失效等班组人因失误导致的事件比率也相当高。

反思和分析：

分析班组人因失误产生的原因，探寻加强班组安全管理的有效策略，是构建核电厂群体安全文化的重要环节。

1. 班组人因失误产生及恢复过程

班组人因失误是人因失误的形式之一。人的失误分为三种类型：错误、过失和疏忽。错误一般产生于计划和决策过程之中，疏忽基本上发生在操作动作的执行过程中。前两者失误与“群体思维”的联系较为密切，后者与单一成员的活动联系更多。在班组失误产生的过程中包含个人失误和共享失误两类因素。个人失误是由班组中单独成员个体产生的失误。共享失误是指失误是由部分或全部班组成员共同造成的，不论他们是否直接参与交流。

班组运作可以探查与恢复人的失误，失误一恢复过程分为三个阶段：察觉、表示和纠正。只有当察觉、表示和纠正三道屏障都突破时，以上的个人失误和共享失误才最终导致班组失误。

(1) 察觉失败。失误恢复的第一步是察觉它们的产生，如果没有注意到这种失误，就不会有机会去纠正它们，在此失误基础上的动作将得到执行。

(2) 表示失败。一旦察觉到失误，能否得到恢复的关键取决于班组其他成员是否将它以某种方式表示出来，以引起注意。如果未得以恰当表示，错误动作照样可以执行下去。

(3) 纠正失败。最后一个屏障是失误的实际纠正，即使班组中的某些成员察觉到失误并作出表示，产生失误的成员也可能不顾他（们）的观点。如果他没有纠正失误，基于这种失误的动作将得不到纠正而给予执行。

2. 班组失误的形成因子分析

有关学者通过对近百件事故的分析，探寻了班组失误的形成因子。

(1) 人一机界面缺陷对于失误的贡献较大，这是因为在实际系统运行中，界面提供的信息的真伪会全面直接影响着操纵员对电厂状态的真实了解与判断，这种影响将扩及每一个成员的行为方式。因此，人一机界面缺陷对于共享的失效一决策过程影响很大。

(2) 对于班组其他人员未察觉到失误的影响因素中，影响最大的是“交流缺陷”。如果班组成员没有通过交流获得充分的信息，他们就不会有机会察觉到个人失误或共享失误。

这种失误不完全是因为他们不了解信息交流的重要性，而是还存在着一些其他原因：或者是由于意识到面临事故的严重性，班组成员处于高水平的激励之下；或者是，他们都过于忙于各自的观察和操作；或者是他们没有意识到任务或情景的重要性等。① 在许多人因事件中，都可以发现由于过度的职业礼貌使得原本可以得到提醒的事故隐患未被察觉(例如，未对某人的操作活动给予监查和指导)。国内某核电厂，师傅为工作负责人，徒弟为监护人，徒弟认为师傅不会错，没有仔细验证试验牌，致使监护失效。同时，过度信任和过度自信也是两个关键因素。过度的职业礼貌、过度信任和过度自信也会限制恰当交流的能力。② 此外，过度相信某一种印象或观点也妨碍班组人员对失误的察觉。1979 年，Oyster Creek 核电厂操作员坚信 4 个阀门中有两个是打开的，实际上 4 个阀门全部被错误地关闭。③ 不充分的资源和不良的任务管理不仅仅产生失误，也会导致无法察觉失误。如果一位决策者在班组中具有资深地位，其他的成员非常小心谨慎，那么他们可能接受资深者的决策，而不去评价它的恰当与否。

(3) 班组其他人员在察觉失误条件下，未指出或纠正失误情况下观察到的影响因素。分析原因，其中过度的权威效应占据了主要的地位，许多事故实例说明了这一点。同时同层水平上过度的职业礼貌也使得涉及人对是否指出、纠正失误产生犹豫。当然，交流缺陷和资源、任务管理缺陷也是十分重要的。

3. 加强人因管理预防班组失误

在复杂工业系统中，关于班组失误的特点与意义日益受到决策者和管理者的重视，并开展了大量的探索和研究工作。研究班组运作人因失误的产生机理主要的目的是改进班组运行绩效，预防班组个人失误和共享失误的产生。应用防人因失误工具加强人因管理，是实现核电厂班组安全管理的有效策略。

(1) 防人因失误工具卡。运行人员每人都有一张“防人因失误工具卡”。卡上显示了包括“自检”、“质疑的态度”等 10 种防人因工具。帮助运行人员养成良好的工作习惯，做到每项任务工作前，都能清楚工作目的、风险、内容，都能明确需要运用何种防人因工具。

(2) 工前会。对于需要两人或两人以上共同操作完成的工作，需要同时使用多本规程的工作，有较大风险的工作以及不熟悉的工作，核电厂要求操纵员或值长负责召集相关工作的所有人员参加的工前会，讲述工作的目的、存在的风险、关键步骤等，并鼓励参与工前会的人员讨论以前的经验和事件反馈、可能犯的错误、可能出现的最严重后果、防范措施。通过工前会可以降低由于职责分工不明确、风险认识不到位等导致错误的可能性，可以保证人员分享以前的工作经验，找出可能存在的内在缺陷，确认工作可开展的条件。

(3) 监护和唱票。运行人员应坚持自唱票结合监护的工作方法。操作前，明确操作人及监护人，并且两人均已明确了操作的目的及要领；实施操作前，操作人用手指着操作的设备大声读出待操作的设备标牌进行唱票验证；监护人检查确认他即将进行的操作是正确的，并监督他的操作过程。监护建立起两道安全屏障，降低人因失误的概率，同时也树立起团队精神。

安全是一切生产工作的最重要环节，没有安全的根基，任何工作都无从谈起。核电厂员工应始终以高标准严格要求自己，追求“零事件”，营造班组安全文化氛围。

复习思考题

1. 有影响的激励理论有哪些？工作实践中常用的激励方式有哪些？
2. 群体和非正式群体对安全生产有哪些方面的影响？

第十章　核电厂员工的自我心理保健

10.1　自我心理保健的提出

10.1.1　时代性的心理健康问题

纵观社会发展与人们的心理健康，可以发现，心理疾病与现代化发展水平具有奇特的同步性。据有关资料，我国精神病的患病率，20 世纪 50 年代为 2‰，70 年代为 0.7%，80 年代，仅 15 岁以上的人口就已达 1.05%，而目前精神病患病率已达 1.34%。分析原因，主要有：

(1) 现代社会是日益工具理性的社会，这与人们的情感本性和需求并不完全一致，导致理性现实和情感需求的冲突，现代化社会的理性成功，也降低了人们的自主、自我控制感，人们的心理依托感觉低。

(2) 现代社会是成就社会，个人价值得到肯定和尊重，与之相适应，日益形成“我向关注心理取向”，人们习惯和需要关注心灵体验，各种各样的心理需求得到推崇，但现代社会是社会化生存时代，个人的存在大大依赖社会和他人，构成现代人生存的另一矛盾。

(3) 现代社会生活节奏加快，人们遇到以前社会前所未有的各种各样的压力，这对人们的心理健康都构成消极影响。

因此，时代性的心理健康问题，使人们不得不重视心理健康研究。

10.1.2　个人为中心的边缘型心理调节模式

大量研究表明，中国人呈现为“个人为中心的边缘型心理模式”，即中国人主要是靠自己以及心理意义上的密友进行心理调节的，和个人交往的频度程度高的人并不一定是心理调节的主要途径。比如，无论是成年人还是大学生，除“自我调节”外，心理调节渠道的第二位都不是日常交往密切、血缘紧密的家人或同事，而是心心相印的知心朋友。心理意义上的密友超过了父母家人等亲情，这构成了中国人心理调节的重要特征。

那么，中国人这样的心理调节模式是如何形成的？从社会文化角度分析起来，与中国传统文化有关。中国传统的哲学，不认为心理活动是独特的现象，而认为“心”即“性”，心性一体，把心理和人的品性等同起来。由于儒学与国家统治理念的结合，道德品行高尚成为人生的最高追求，在中国人推崇的“立德、立功、立言”人生三大目标中，“立德”为上。在实际生活中，人们要求自己的言行甚至思想都应合乎礼义，合乎三纲五常。在这样的社会生活结构中，整个社会形成了道德评价是社会评价的最根本、最高原则的观念。结果，中国人往往把心理疾病与个人道德品德联系起来，认为心理有毛病——怪异的想法和行为就是个人道德品质有问题，而这在传统的道德社会里是最为致命的。这样就造成了中国人在心理疾病上的封闭，人们往往否认自己的心理问题，强制性压抑心理痛苦，更不会轻易流露出来。这成为传统，塑造了一代又一代的中国人。它的影响如此之强，以致海外华人也是如此。在他们不得已去找心理医生时，他们往往去找西方心理学家，而不会去找华人心理医生。这就是中国人对社会咨询机构认同低的根本原因。

很显然，这样的状况和传统对中国人心理问题的及时矫正是非常不利的。它不仅不能对心理疾病防微杜渐，还使人盲目否认、压抑自己的心理痛苦，从而带来更大的心理痛苦。

10.1.3 自我心理保健的提出

面对以上的情况，我国的心理学工作者提出了解决日益严重的心理健康问题的两条思路：

(1) 普及心理健康知识。大力宣传心理健康的科学观念和知识，使人们认识到，心理疾病和道德品质不是一回事。心理疾病如同感冒、发烧等生理疾病一样，是人的机能系统因为种种原因而出现的暂时异常，没有什么见不得人的。心理疾病也是能够恢复的。

(2) 针对中国人的特点，创建自我心理保健的理论和方法。我们知道，心理学是具有浓重文化属性的学科。比如，心理学就是在西方科学时代精神，准确讲，是在牛顿式的科学观基础上产生的，而这正是西方文化积累的产物。很明显，中国人"个人为中心的边缘型心理调节模式"昭示，解决中国人的心理健康问题，自我心理保健是一个思路。这就是说，要从中国社会这个实际出发，发展一套以自我调节为主的理论和技术，以使人们在正确的心理健康理念指导下，通过自己的努力，准确判断心理疾病，及时自我调整，消除心理问题，从而健康、充实、愉快地生活。

10.2 自我心理保健的概念与内容

10.2.1 自我心理保健的概念

顾名思义，自我心理保健指个体在自我心理保健的理论指导下，通过自己的努力，以可行、有效的方式、方法，及时解决日常心理问题，矫正心理异常，维护心理健康的过程。"自我"主导心理健康，是心理健康的主人。

这个思路与西方的心理健康思路不同。在西方，心理健康产生于精神疾病治疗的实践中，这使其一开始就具有浓重的医学干预色彩，即医生作为外在的干预力量，对心理疾病患者进行干预，从而达到健康的目的。它使心理疾病患者和医生的关系保持患者——医生的模式。这就是说心理疾病发生后，消除的责任由医生负责，患者只是把自己的症状客观地讲给医生就行了。这种模式是西方心理治疗的主导。而自我心理保健走的是另一条思路，它把重点放在自己身上，提倡在心理学家或心理健康知识的指导下，通过自己的努力，发现自己的心理问题，及时解决，从而保持健康的心理状况。

具体来看，自我心理保健与其他心理治疗的不同在于：① 对象不同。自我心理保健是以个体日常生活中的心理健康问题的及时调节为重心，而其他心理治疗理论是以比较严重的心理疾病治疗为重心。② 目的不同。自我心理保健以培养全面的心理健康能力为目标，而其他心理治疗主要以消除患者所诉的症状，以及培养克服相应的机能为目标。③ 达到目标的方式不同。自我心理保健以自我调整为主，而其他以心理医生的治疗手段为主。

10.2.2　自我心理保健核心——3M

自我心理保健的理论被命名为3M理论，这个理论的主要含义来自三个以M开头的英语词语，它们集中地概括了自我心理保健的含义。它们是Master，Medium和Maneuver。Master是主人的意思，这里引伸为自我把握的意识和能力，包括自我观察意识和习惯，自我观察的知识和方法，心理问题的自我判断能力，自主解决心理问题的意识；Medium是中介的意思，这里引伸为对心理进行调整、转换，从而达到心理内容和环境信息性质上的一致、相容的过程；Maneuver在英语里有策略控制的含义，这里引伸为心理调整和矫正的策略控制方法，包括心理生理控制技术和行为控制技术。

3M有以下的内容：

（1）心理健康的基本看法。3M认为，心理异常是平常的现象。这是因为，心理是动态的开放系统，在非健康因素影响下，如同生理疾病一样，会随时产生异常。心理学中长期形成的观点——认为心理应当恒定正常，一旦异常就大惊失色的看法是不符合心理规律的。

（2）心理健康的标准。3M认为，人的心理决不是单纯的、抽象、形式化的“心理”，而是体现出实在的心理意义。所以，健康的心理表现为：具有进取、乐观、利他、道德的人生观；客观、准确的心理中介机制；和谐、适应、发展的行为习惯；健康、感觉良好的身心状况。那种认为心理是抽象的，可以没有实际意义的看法，与心理的实在属性是不符合的。

（3）心理疾病的成因。3M认为，心理疾病的形成决不是单一的，而是多样的，主要有三类：① 心理冲突型。即环境信息、心理内容及其他相互作用而形成的心理意义三者之间的冲突造成。② 习性型。个体在发展中因为抚养方式或发展方式不当而形成。③ 压力型。环境信息对个体的巨大心理压力导致疾病。虽然这三种类型常常相互作用导致心理疾病，但是，心理疾病的形式往往有一个主要的原因，在处理时应考虑其中的主要原因，采取相应的方法。

（4）自我心理保健的基本思路。3M认为，自我心理保健是心理冲突消除和心理控制整体统一的过程，是以“控”为手段，由“痛”到“通”的过程。心理疾病表现为“痛”，即表现在诸如心理冲突、自我否定、压抑、抑郁等方面，它是心理症结的集中体现，这是环境信息、个体的心理内容以及心理内容与环境信息相互作用而产生的心理意义之间的不协调和不相容造成的；要解除“痛”就要用“通”的方法，即通过心理中介策略转换来实现，达到环境信息、个体的心理内容以及心理内容与环境信息相互作用而产生的心理意义的协调和相容。

（5）操作。自我心理保健的过程可以概括为以下几个环节：是什么（心理异常）→为什么（致心理状况的原因）→该如何。这可以概括为 2W ＋ SPA ＋3M，也是自我心理保健的简便操作公式。① 2W指“是什么（What）”和“为什么（Why）”，即在心理出现问题的时候，自我分析“是什么”，有什么样的表现，属于什么样的问题，属于哪一类的问题，造成这些问题的原因是什么，其过程如何。② SP是Self Potentiality的简写。这里有两层含义：一是只有自己才能最后解决自己的心理问题。心理问题不同于生理疾病，不是药物直接作用于生理机能的过程，而是要通过自我心理而作用的，因而，真正最后解决问题要靠自我。二是要有解决自己心理问题的信心，要相信自己有解决问题的潜在能力。人有难以估量的潜力，这不仅表现在人的能力方面，还体现在人难以想象的适应能力和生存能力。③ A是Action，行动的意思。认识到问题而不去行动并不能解决问题，只有行动才能解决问题。对于心理问题,解决的答案是,行动!在 3M 中,行动有两层含义:一是强制隔离,即在产生心理问题时,强迫自己离开出现问题的事件、活动和情境,尽管这个时候你很投入,或者你由于心理固着几乎感到不能解脱。但你一定要强迫自己离开产生心理问题的环境。二是要立即行动,解决问题。心理问题只能通过自己的努力来解决。

10.3 心理健康的基本知识

10.3.1 全面、科学地理解人的健康

一般认为,"身体无病就是健康",这里的病纯指生理的病变,躯体的疾病。随着社会的发展,心理疾病和身心疾病日益增多,促使人们对人的健康作了重新的思考和认识,较早的是在 20 世纪 40 年代联合国卫生组织给健康下的定义:"健康,不仅是没有身体的缺陷和疾病,还要有完整的生理、心理和社会适应能力。"20 世纪 70 年代后期,又将健康定义为"健康不仅指没有疾病或躯体正常,还要有生理、心理和社会适应方面的完满状态"。所以,现代人应树立全面、科学的健康新观念。一个身强力壮的人不能称为健康的人,只有身体、心理都无异常或病变,社会适应又良好的人才是健康的人。例如,我们不能认为一个无身体疾病的精神病人为健康的人。由此可见,身心平衡、情感理智和谐是一个健康人的基本特征。

人体健康的最重要的标志是心理健康、生理健康统一。心理健康和生理健康两者是相辅相成、互相依存的。生理健康是心理健康的基础,心理健康反过来又促进生理健康。众所周知,当人生病时,往往会情绪低落、萎靡不振或烦躁不安,产生这样那样的心理问题,影响正常的工作、学习和生活;而心理不健康往往会导致冠心病、高血压、糖尿病和癌症等严重疾病,还会使人的社会适应能力遭到破坏,直到无法进行正常的家庭生活和社会生活。

1989 年,世界卫生组织(WHO)深化了健康的概念,认为健康应包括躯体健康、心理健康、社会适应良好和道德健康,要求人们从这四个方面来综合评判一个人的健康。

10.3.2 心理健康的标准

至今,对于什么是心理健康,尚未有公认的定义,现在也不能像定义身体健康那样准确地给予定义。有的心理学家认为,心理健康就是指人们对环境能够高效率而快乐地适应,强调这种适应应有满足感,能愉快地接受生活规范,有效率三者的统一;又有心理学家认为,心理健康是一种丰富而且持续的心理状态,在这种状态下适应良好,具有生命的活力,能够充分发挥其身心潜能,而绝不是仅仅没有心理疾病。

综合心理健康的各种看法,可给心理健康以下的阐释:心理健康是指一个人的智力、情绪、自我意识、人格和人际适应能力等心理行为处于一种平衡的稳定状态。

像心理健康的定义一样,从国外到国内,心理学家们从不同的角度提出了不同的心理健康标准,这些标准对心理健康的认识和维持都有实际意义。其中,包括判断心理是否健康的操作性比较强的标准。

(1) 了解自我、悦纳自我。心理健康的人能体验到自己的存在价值,既能了解自己,又能接受自己,对自己的能力、性格、情绪和优缺点都能做到恰当、客观地评价。对自己不会提出苛刻的非分期望与要求,同时,努力发展自身的潜能;对自己无法补救的缺陷,也能泰然

处之。心理不健康的人则缺乏自知之明，所定的目标和理想不切实际，由于主观和客观的距离相差太远而总是自责、自怨、自卑；要求自己十全十美，而自己却又总是无法做到完美无缺，结果心理状态失去平衡，面临心理危机。心理健康的人积极进取，追求生活的意义，但要反对完美主义目标。

(2) 接受他人、善与人处。心理健康的人乐于与人交往，不仅能接受自我，也能接受他人，悦纳他人，能认可别人存在的重要性和作用。为他人所理解，为他人和集体所接受，能与他人相互沟通和交往，人际关系协调和谐，能融入集体中，乐群性强，既能在与挚友团聚之时共享欢乐，也能在独处沉思之时而无孤独之感。心理健康的人能够欣赏他人的成功，秉持“你好我好”的处世态度。在与人相处时，积极的态度(如同情、友善、信任、尊敬等)总是多于消极的态度(如猜疑、嫉妒、畏惧、敌视等)，因而在社会生活中具有较强的适应能力和较充足的安全感。一个心理不健康的人，总是自别于集体，与周围的环境和人们格格不入。

(3) 面对现实、接受现实、适应现实、改变现实。心理健康的人能够面对现实，接受现实，并能够主动地去适应现实，进一步地改造现实，而不是逃避现实。对周围事物和环境能做出客观的认识和评价，并能与现实环境保持良好的接触，既有高于现实的理想，又不会沉湎于不切实际的幻想与奢望。对自己的能力有充分的信心，对生活、学习、工作中的各种困难和挑战都能妥善处理。这是国际上公认的心理健康的重要标准。心理健康的人善于平衡过去、现在和未来的比重。他们生活在现在，重视今天的生活，但也能利用过去的经验规划未来。他们不会总是为过去的错误而懊恼，也不会总是为未来可能有的失败而担忧。

(4) 情绪稳定、心境乐观。人们的情绪又被称为情商(EQ)，正如体温可作为生理上健康与否的标志之一，情绪也是反映人的心理是否健康的标志之一。心理健康的人，愉快、乐观、开朗、满意等积极情绪状态总是占据优势，虽然也会有悲、忧、愁、怒等消极的情绪体验，但一般不会长久。他能适当地表达和控制自己的情绪，在社会交往中既不妄自尊大，也不畏缩恐惧，对于无法得到的东西不过于贪求，争取在社会规范允许的范围内满足自己的各种要求。

(5) 人格完整和谐。心理健康的人有相对正确的信念体系和世界观、人生观，并以此为核心把动机、需要、态度、理想、目标和行为方式统一起来。如果经常欲望与信念相违背，需要与良心相冲突，行为方式与态度不相一致，一切以自我为中心，既缺同情心，又无责任感，那么他的心理必定是不健康的。

(6) 心理行为符合年龄特征。人的生命发展的不同年龄阶段，都有相对应的不同的心理行为表现，从而形成不同年龄阶段独特的心理行为模式。心理健康的人应具有与同年龄段大多数人相符合的心理行为特征，否则一般都是心理不健康的表现。

(7) 智力发展正常。智力是指人的认识能力与活动能力所达到的水平，它是人的观察力、记忆力、想象力、思考力、言语表达力和操作能力的综合。正常智力水平是人们生活、学习、工作、劳动的最基本的心理条件，是人们与自然环境和社会环境保持动态平衡的心理保证。因此，智力是心理健康的重要标准之一。智商低于 70 者为智力落后，属于心智不健全。

(8) 创造性、成就感。马斯洛认为，人的内部存在一种向一定方向成长的趋势或需要，这个方向一般地可以概括为自我实现或心理的健康成长。自我实现就是使自己成为自己理想的人，到达个人潜能的最高峰。通常可以通过人的创造力的发挥程度和成就感的高低来衡量。一个人应该热爱生活，热爱事业，具有宽阔豁达的胸怀，能意识到自己对社会的责任，努力掌握知识与技能，发展个人的能力与体力。虽然人们的聪明才智不尽相同，但都应尽其所能、力争取得一定的成就，从而创造人的价值。这一点对于心理健康无疑是非常重要的。

10.3.3 重视和维护核电厂员工心理健康的重要意义

三十年来的改革开放，在为中国带来翻天覆地变化的同时，也对人们的心理带来了各种剧烈的冲击。著名作家毕淑敏在她的心理咨询手记中写道："现在中国人承受心理问题的困扰有多大？肯定地说，可能比世界上任何一个国家的人都更需要心理援助。"而在众多需要心理援助的群体中，核电厂员工是一个极其重要又尚未引起深度关注的群体。

(1) 核电发展的需要。随着全球气候受二氧化碳所导致的"温室效应"的影响越来越明显，以及不可再生能源储备的逐渐减少，核能对于中国实现经济"可持续发展"的意义越来越重要。2007年，《核电中长期发展规划(2005—2020年)》被正式批准，这标志着我国核电发展进入了新的阶段。在该规划中，确定我国核电的发展目标是：至2020年，核电占全部电力装机容量的比重从现在的不到2%提高到4%，全国核电装机容量将达到4000万千瓦。中国核电事业的迅猛发展对核电的安全运行提出了更高的要求。一方面，安全给现有核电厂的管理者和员工带来的压力将会越来越大；另一方面，随着新建核电厂投入运行，将会有越来越多的人加入这个承受高压的队伍之中。核电厂运行一天，这种压力就会存在一天。而现代心理学研究告诉我们：长期压力所导致的应激对个体和企业都会造成严重影响。

(2) 事故预防的需要。核电安全事故不仅威胁着人的生命健康权利，而且影响着企业本身的生存和发展。统计表明，核电厂有50%左右的事件是人因失误引起的。在核电厂运行过程中，员工的心理状态与核电厂的安全运行密切相关。通过对职业特点的分析，有关专家把操纵员的职业适应性分为三个维度来考核，主要包括认知能力、心理状态和人格特质，其中，认知能力和人格特质相对稳定，但是心理状态却可以通过心理健康教育和心理疏导来改善。因此，核电厂应积极推进员工的心理健康管理工作，使心理健康工作制度化、常态化，从人文关怀的角度保证员工的情绪稳定、心理健康，尽可能地预防因心理问题造成的安全事故。

(3) 企业发展的需要。随着科技的进步，能源结构的调整，我国迎来了核电大发展时期。员工的心理素质建设是核电企业深化改革，实现整体发展，全面提高核心竞争力的重要组成部分。核电企业重大的组织重组和核电专业化运作，使核电企业员工必须面对得与失的权衡。员工在应对机遇和挑战的同时也要承受比较和失落。如果这些不良情绪不能及时调节，不仅会严重影响员工的工作和生活，同时也会影响核电企业自身的发展。因此，核电厂员工心理健康管理工作不仅重要而且紧迫。

(4) 人本管理的需要。企业的兴衰，关系最密切的是人，企业的竞争归根到底是人的竞争。实施人本管理，使员工积极地、主动地、最大限度地发挥自已的潜力，这是任何资产都无可比拟的无形资本，也是核电企业在激烈的市场竞争中立于不败之地的根本。建立以人为本的管理机制是时代的要求，企业成功的关键。要建设以人为本的企业文化，员工的心理健康不容忽视，心理健康工作不仅是企业提高组织绩效、预防生产事故发生的有效途径，而且是员工找到工作快乐和取得事业成功的"心灵钥匙"。

(5) 岗位特性的需要。核电厂员工的工作大多是一些长期承受各种压力的工作,尤其是一些与核电安全运行密切相关的岗位。核电厂操纵员的工作,就其性质而言,就是一项包含多种长期压力的工作:倒班的工作制度,低温封闭的工作空间,枯燥的机器操作,以及精神高度紧张以应对随时可能出现的影响电厂安全的突发事件等。根据应激的理论和研究结果,这些压力必然会对他们的身心健康产生影响。而操纵员的身心健康将直接影响到核电厂的成本。核电厂为了培养一个操纵员往往要花上数百万元,对操纵员心理健康的维护不仅有利于提高操纵员的心理素质和生活质量,也是企业节约管理成本的有效途径。

(6) 身心健康的需要。常见的心理疾病主要有抑郁症、焦虑症和各种神经症,它们就像感冒一样在生活中无处不在。大量研究证实,30%~50%的人在一生某些时刻,曾是符合现代心理学诊断标准的抑郁症患者。抑郁症是精神科自杀率最高的疾病,在中国,仅有5%的抑郁症患者接受过治疗。心理疾病会导致很多生理疾病,如:失眠、健忘、消化不良、肌肉紧张、头痛、胃痛等,而这些身体疾病又反过来影响心理疾病。因此,开展员工心理健康管理工作,帮助员工掌握必备的心理健康知识,特别是心理问题对个体身心的危害性知识,不仅可培养员工的心理健康意识,也可为员工自我干预奠定知识基础。

(7) 职业健康管理的需要。职业健康工作是核电企业管理工作的重要组成部分,是现代企业发展的新趋势,其宗旨是预防和控制工作场所职业危害,建立"健康的工作场所",构筑抵御职业健康风险的社会保障体系,保障工作人员的身心健康。职业健康要求员工不仅没有疾病,同时生理、心理和社会适应能力处于完好的健康状态。因此,只有把心理健康工作纳入职业健康管理,企业才能够达到"以人为本、综合进步、持续发展"的目标。

(8) 感受幸福生活的需要。核电厂员工作为一个群体,虽然有职业的特殊性,但追求幸福生活的愿望和常人一样。而现代幸福生活的几大要素都离不开心理健康。① 心理健康是一个人身体健康的需要,身体健康是生活幸福的根本。医学证明,心理、情绪对身体造成直接影响。② 心理健康是良好生活质量的保证。③ 心理健康是和谐人际关系的基础,人是社会动物、群体动物,离开正常的社会人际交往,幸福生活根本无从谈起,只有心理健康的人,才能做到主动积极和理智地化解人际矛盾。④ 心理健康是高效工作状态的前提。

10.4 培养自我心理保健能力

10.4.1 心理失衡的调节

现代人的心理失衡是一种不健康状态,已经成为一种严重的社会问题,核电厂员工同样无法避免心理失衡的困扰。因此,核电厂员工必须设法使身心保持平衡,使思维正常运作,走出心灵的误区。应通过以下几方面进行调节:

(1) 要加强修养,遇事泰然处之。要清醒地认识到,生命总是由旺盛走向衰老直至消亡,这是不能抵抗的自然规律。应当养成乐观、豁达的个性,平静地接受生理上出现的种种变化,并随之调整自己的生活和工作节奏,主动地避免因生理变化对心理造成的冲击。事实上,那些拥有宽广胸怀、遇事想得开的人是不会受到灰色心理疾病困扰的。

(2) 要合理安排生活,培养多种兴趣。人在无所事事的时候常会胡思乱想,所以要合理地安排工作与生活。适度紧张有序的工作可以避免心理上滋生失落感,令生活更加充实,而充实的生活可改善人的抑郁心理。同时,要培养多种兴趣。生活丰富多彩能驱散不健康的情绪,并可增强生命的活力,令人生更有意义。

(3) 尽力寻找情绪体验的机会。一是在事业上全力地投入,时时不忘创新,做出新的成绩;二是要关心他人,与亲朋、同事同甘共苦,人生的悲欢离合,都是对心理的撼动,它会使人头脑清醒,心胸开阔;三是多参加公益活动,乐善好施,为子孙造福。与此同时,最好能学会一门艺术,在你的爱好中寻找乐趣。唱歌弹琴、写作绘画、集邮藏币,都会将你带入一种新的境界,产生新的追求。

(4) 保持心理宁静。面对大量的信息不要紧张不安、焦急烦躁。要保持淡泊、宁静的心理状态,尽可能地学会吸收现代科学信息的方法,提高应变能力。最好能做到专精一艺,即人无我有,这样就会减轻个人在竞争中的心理负担,并收到事半功倍之效。

(5) 适当变换环境。一个人在缺乏竞争的环境里容易滋生惰性,而过于安逸的环境反而更易引发心理失衡。在全新的环境中接受具有挑战性的工作、生活,可激发人的潜能与活力,使自己始终保持健康向上的心理状态。

(6) 正确认识自己与社会的关系。要根据社会的要求,随时调整自己的意识和行动,使之更符合社会规范。要摆正个人与集体、个人与社会的关系,正确对待得与失、成与败。

10.4.2 学做自己的“心理医生”

随着社会不断变革,人们的情感、思维方式、知识结构、人际关系在发生变化,引发心理问题的因素也是多种多样的。由于人们生活方式的改变,生活节奏的加快,一些人的盲目行为增多,加之过分追求短期效益,失败的几率较高,因而内心失去平衡,容易产生心理问题。从理论上讲,一般的心理问题都可以自我调节,每个人都可以用多种形式自我放松,缓解自身的心理压力,解除心理障碍。面对心理问题,关键是如何去认识它,并以正确的心态去对待它。虽然大多数中国人并未把寻求心理医生的帮助纳入生活日程,但在出现心理问题时,人们开始重视并寻求咨询和医疗,这是社会文明进步和人们文化素质提高的一种表现。就目前而言,人们找心理医生看病还不能像看感冒发烧那样方便,然而,只要我们意识到心理健康的重要性,就可以通过自身的努力,提高自己的心理素质。

学会心理自我调节,学会心理适应,学会自助,每个人都可以在心理疾患发展的某些阶段成为自己的“心理医生”。首先,掌握一定的心理卫生科学知识,正确认识心理问题出现的原因;其次,能够冷静清醒地分析问题的因果关系,特别是主观原因和缺陷,安排好对己对人都负责任的相应措施;此外,要恰当地评价自我调节的能力,如无法自我调节,就要选择适当的就医方式。需要说明的是,心理医生并不能为你做出决策,他只能帮你疏导情绪,或是提出不同的方法供你选择。

现代社会要求人们心理健康、人格健全,不仅要拥有良好的智商,还要有良好的情商。生活条件越好,文化层次越高,人们对心理卫生的需求也就越迫切。随着科学文化知识的普及和心理卫生服务的完善,解决心理问题会有更多更好的渠道和办法。

10.4.3 心理自我调节法

(1) 移情易性法。通过情志调节、振奋精神、移易和分散精神意念等办法来改变心智,调节情绪。

(2) 发泄法。当情绪不稳定，如发怒、郁闷时，不妨做一些发泄，如拼命地游泳、打网球等。通过消耗体力，用疲乏来遏制不良情绪，也不失为一种好方法。有时让自己随情绪波动而哭泣，也有很好的效果。哭泣能使人产生有益的激素，使人体反应更加协调。

(3) 自嘲法。当遇到生活中一些尴尬或难堪的场合时，若一味埋怨和逃避往往会使自己的心态越来越坏。不妨自我调侃一下，通过自我贬抑而收到出奇制胜的效果，从而使心理达到一种高层次的平衡。

(4) 情志相胜法。中医认为情志具有五行和阴阳属性，七情之间相互制约，可以通过一种情志来克服另一种情志。如喜胜忧，当你情绪忧郁时，刻意地制造欢乐气氛可减轻忧愁。

(5) 聊天法。闲聊对心理调适起到很大功效。它可缓解紧张、消除隔膜、表达温情、躲避碰撞、化解怨气、发泄怒火。

(6) 激励法。要走出每日“消沉—后悔”的心理不平衡怪圈，给自己确立一个值得去追求的目标。如：出去找个朋友小聚一下，踏踏实实干点能使自己获得提高的工作，参加一个使自己的精力集中起来的培训班等。有了成功的经验和自信，我们就能再选择更高的目标激励自己。

(7) 遗忘法。不少人终日生活在对往事的痛苦回忆中，反复品尝旧时受到的挫折，陷入恶性循环中，使心理越发不平衡。因此必须学会遗忘，这是对痛苦的解脱，能使身心获得宽慰，从而激发出新的力量，使人性得到升华。

10.5　案例分析

标题：心理压力对心理健康的影响及调节

描述：

心理健康是一种良好的、持续的心理状态与过程，它表现为个人具有生命活力，积极的内心体验，良好的社会适应，能够有效地发挥个人的身心潜力以及作为社会一员的积极社会功能。心理健康关系到核电厂员工的身体健康、人格发展、工作成就、生活质量。例如，患有心血管和失眠等疾病的核电厂运行人员在调离操纵员岗位后很快康复。心理健康也关系到生产安全和组织绩效，如果核电厂的工作人员感受到了较大的工作和生活压力，就会影响到该工作人员的思想和情绪，使他在现场作业过程中精神不能集中，最终导致事故发生。核电厂员工的工作和生活压力将会对他们的情绪、认知反应和行为模式产生影响，如果不注意加强管理和调节，将会影响核电厂的安全生产。

反思和分析：

了解和掌握心理压力对心理健康的影响和心理压力的自我调节方式，将有助于核电厂员工提高对压力情境的认识，调节压力的认知，提高工作效率和生活的幸福感，预防核电厂人因事件的发生。

1. 心理压力对心理健康的影响

员工面对压力的心理反应是学来的，而且常决定于员工的知觉、对事件的解释与处理能力。心理反应包括情绪、认知及行为三方面。

(1) 压力对情绪的影响。压力对情绪的影响包括较正面的兴奋和较负面的生气与焦虑,大部分压力都是相当不舒服的,会带来不愉快的情绪。心理压力带来的不愉快的情绪包括忧郁、崩沮和创伤后异常心理等。员工还可以使用一些简单的方法检测自己是否已经在承受压力:① 总是感到烦躁、紧张,有一种筋疲力尽的感觉。② 比平时脆弱,多愁善感,动不动就想哭。③ 比平时易冲动、易怒。④ 注意力和记忆力下降,比平时冷漠,以往让自己感兴趣的东西,现在却不能引起兴趣。⑤ 反常地长时间独处,不愿意和人交谈、交往。⑥ 经常参加社交活动或过夜生活,内心却依然感到孤独。⑦ 比平时吸更多的烟、喝更多的酒。如果员工察觉到自己有上述改变,应该认真想一想,在工作和生活中有哪些变化让你情绪不安、心情烦躁或压抑。有些事可能是坏事,有些则可能是好事。

(2) 压力的认识反应。当一个压力来源被认定对个人有威胁时,智力的功能就会受到影响。一般而言,压力和烦恼愈大,认知方面的功能及弹性思考就会愈差。人的注意力是有限的,如果只把焦点放在具有威胁性的事件及个人的焦虑上,员工对问题的注意力就会大大降低,威胁就更不易被消除。另外,人的记忆也会受到影响,短期记忆的好坏是根据个体对新刺激所付出的注意程度而定。压力也会干扰人判断与决策的能力。因为在压力状况下,员工的知觉范围缩小了,思想也比较刻板、固执,所以很难会有创意产生。

(3) 压力的行为模式。面对不同程度的压力时,个体常会呈现不同形式的特殊行为。轻度压力会使一些生理性行为如进食、攻击等产生更多,它也使个体更警觉,精力较集中而表现更好,因此轻度压力会导致正向的行为适应,诸如变得对威胁更机警,较能接受别人的意见及指导。中度压力会使人注意力减弱,耐心降低,烦躁感提高,生产力降低。高度压力会出现压抑行为,甚至导致个体完全不能活动,但有时也会造成攻击行为。对一般人而言,攻击行为常是挫折所致,有时受挫折后,人会用攻击行为来对付造成挫折的对象,如果对象不能侵犯就可能找替罪羊,有时甚至对自己进行攻击,所以一些人会因此自杀。

2. 心理压力的自我调节

心理学中有名的"耶克斯—多德森"定律指出:在任务难度不变时,工作效率与动机强度呈倒 U 关系,即并不是越紧张工作效率越高;并且,难度越大的任务,所需的动机强度越低,也就是说面临高难度、高强度的工作时,越应该放轻松。那么核电厂员工怎样才能让自己在高压力情境中放轻松呢?减轻心理压力可从以下几方面做起:

(1) 放慢工作速度:如果你被紧张的工作压得喘不过气来,最好立即把工作放慢速度,轻松休息一下,可能你会做得更好。

(2) 合理地安排作息时间:严格执行自己制定的作息制度,使生活、学习、工作都能规律地进行。

(3) 注意培养良好的心态:加强心理修养,养成自己作心理分析的习惯。可以考虑与心理医生交朋友,以期经常得到他们的帮助。

(4) 保证充足的睡眠:不要冒犯自然规律,否则必遭自然法则的报复。

(5) 正确地评价自己:永远保持一颗平常心,不要把目标定得高不可攀,与自己过不去,凡事需量力而行,随时调整目标未必是弱者的行为。

(6) 处理好事业与家庭的关系:家庭的和睦与事业的成功绝非水火不容,它们的关系是互动的,"家和万事兴",无力"齐家",恐怕也无力"平天下"。

(7) 面对压力要有心理准备:要充分认识到现代社会的高效率必然带来高竞争性和高

挑战性，对于由此产生的某些负面影响要有足够心理准备，免得临时惊慌失措，加重压力。同时心态要保持正常、乐观豁达，不因逆境心事重重。

(8) 要培养自己宽广豁达的胸怀：与人为善，大事清楚小事糊涂。郑板桥一句"难得糊涂"传诵至今，就是因为其道出了人生至理。

(9) 要重视学习的健康价值：学习能扩展个人观察问题的视野，使人得以变换观察问题的方式，增加选择的可能性。学习使人进入新的精神领域，可以使人升华，抗拒外界不利环境的压力。学习使人变得充实，因而是一种自我肯定的方式。

(10) 巧用社会支持系统缓解压力：社会关系与健康有着密切的联系。社会支持是社会关系的一种反应，是指当某人有需要时，来自于他人的同情和资源的给予状况。而这种同情和资源的给予是能够满足个体的需要的，从而起到缓解个体紧张的作用。国内外关于社会支持的研究表明，良好的社会支持有利于健康，而不良的社会支持会损害身体健康。

(11) 丰富个人业余生活，发展个人爱好：生活情趣往往让人心情舒畅，绘画、书法、下棋、运动、娱乐等能给人增添许多生活乐趣，调节生活节奏，使人从单调紧张的氛围中摆脱出来，走向欢快和轻松。

复习思考题

1. 自我心理保健的核心内容是什么？与其他心理治疗的不同之处有哪些？

2. 举例说明重视和维护核电厂员工心理健康的重要意义。

第十一章　心理咨询与核电厂员工心理素质的维护

11.1　心理咨询概述

11.1.1　心理咨询的基本概念

2001 月 8 月，经国家劳动和社会保障部批准，我国开始启动心理咨询师的职业化工作。由国家颁布的《心理咨询师国家职业标准》（试用版），对心理咨询师的职业给出了定义："心理咨询师是运用心理学以及相关知识，遵循心理学原则，通过心理咨询的技术与方法，帮助求助者解除心理问题的专业人员。"这一定义涵盖了心理咨询作为一种职业的全部内容。关于心理咨询的操作性定义，中外不同学者各有各的说法。有专家吸纳各学者见解的合理内核，按照规则，用一句话概括了心理咨询的定义：心理咨询是心理咨询师协助求助者解决心理问题的过程。

11.1.2　我国心理咨询的历史和现状

心理咨询原本是临床心理学的内容之一。后来，它虽然作为一门独立学科分离出来，但正规的、标准化的心理咨询，仍然与临床心理学有千丝万缕的联系。特别是临床测评、临床诊断、咨询和疗效评估等方面，仍然保持着原来的特点。20 世纪 30 年代，丁瓒先生作为中国第一位临床心理学家，进入北京协和医院从事心理学工作。1937 年，日寇入侵中国，铁蹄所到之处，民不聊生，我国刚刚萌芽的临床心理学和健康心理咨询工作陷入停顿。我国心理咨询作为临床心理学的工作内容之一再次兴起是在 20 世纪 50 年代中叶。但是，由于人所共知的原因，60 年代中期，心理学再次被摧残。后来的历史十分曲折，到 70 年代初，整个心理学在中国销声匿迹了。然而，历史是公正的，社会发展需求是无法阻挡的，80 年代初，我国咨询心理学应运而生。

从 20 世纪 80 年代开始，心理咨询与治疗再次出现。1986 年，北京市朝阳医院建立了改革开放后我国第一个心理咨询中心。从此，心理咨询行业得到了迅速发展，并逐渐走向职业化。政府也大力倡导心理咨询行业的发展，三级甲等医院均要求成立心理科，中小学学校都要求配备心理咨询师。2005 年 5 月 2 日，中央电视台《焦点访谈》栏目以国家权威媒体的身份从国家对心理咨询师的大量需求的角度进行宣传，题目为：心理咨询师——新职业、新创造。但目前社会的需求，远远超过了学科自身的发展。学科的发展无论是理论方面，还是在方法学方面都不能适应社会的急切需求。另外，从业者的素质与业务能力尚嫌不足，这也是事实。总体来看，我国心理咨询尚处在初级阶段，还具有非常广阔的发展前景。

11.1.3　心理咨询的主要理论

心理咨询的理论流派和模式众多。从20世纪20年代初始到如今，各种理论此起彼伏，发展迅速。其中，对心理咨询过程的性质、目标、方法等方面影响最大的有四个理论体系，即精神分析理论、行为主义理论、人本主义理论和认知理论。精神分析理论的创始人为佛洛伊德，该理论强调无意识的冲突对行为的主导作用和重要影响，认为非理性的意欲与外界现实在内心引起的冲突是精神异常的原因。行为主义的主要代表人物是斯金纳等人，该理论强调环境和情境决定人的行为，行为的产生受当时行为条件的制约，即行为会因情境而改变。人本主义的主要代表人物有马斯洛、罗杰斯等，该理论强调研究对个人和社会有意义的问题，关心的是个人的创造性和自我实现。认知理论强调认知的决定性作用，认为心理障碍源于不正确的认知，主张改变认知以纠正心理障碍。在众多理论的影响下，心理咨询的方法也多达四百多种。在国内心理咨询中常用的方法包括：支持疗法、心理分析法、行为疗法、人本主义疗法、认知疗法和森田疗法等。

11.1.4　心理咨询的对象、任务

心理咨询的主要对象可分为三大类：① 精神正常，但遇到了与心理有关的现实问题并请求帮助的人群；② 精神正常，但心理健康出现问题并请求帮助的人群；③ 特殊对象，即临床治愈的精神病患者。

心理咨询的任务，从总体上来说，是帮助正常人群在生活中化解各类心理问题，克服种种心理障碍，矫治不良行为，理顺人格结构，纠正不合理的认知模式和非逻辑思维，学会调整人际关系，深化自我认知，端正处事态度，构建健康的生活方式，强化适应能力，等等。心理咨询完成上述任务，皆为达到一个目的，即提高个人心理素质，使人健康、愉快、有意义地生活。心理咨询的任务，其具体内涵包括：① 认识自己的内、外世界；② 纠正不合理的欲望和错误观念；③ 学会面对现实和应对现实；④ 使求助者学会理解他人；⑤ 使求助者增强自知之明；⑥ 协助求助者构建合理的行为模式。

11.1.5　心理咨询的形式分类和一般程序

根据咨询的性质，可分为发展咨询和健康咨询；根据咨询的规模，可分为个体咨询与团体咨询；根据治疗时程分类，可分为短程、中程和长期的心理咨询；根据咨询的心理学理论依据，可分为精神分析的、行为主义心理学的、认知心理学的和人本的心理咨询；根据咨询的方式，可分为门诊面询、电话咨询和互联网咨询等。

心理咨询不是随便谈话和聊天，是按一定程序实施的特殊“治疗”手段。心理咨询的一般程序包括：

(1) 资料的搜集。临床资料，是心理咨询工作的基本依据。没有它，或者资料不完整，心理咨询就会陷入盲目或无从入手。所以，不管哪种咨询或治疗，第一步必须先搜集临床资料。

(2) 资料的分析。咨询师对搜集的资料进行排序、筛选、比较，将与症状有关的资料进行分析，找出造成问题的主因和诱因。

(3) 综合评估。将主诉，临床直接、间接所获资料（含心理测评结果）进行比较分析，将

主因、诱因与临床症状的因果关系进行解释，确定心理问题的由来、形式、严重程度，确定其在症状分类中的位置。

（4）依据综合评估结果，形成诊断。

（5）鉴别诊断（防止误诊的措施）。通过症状定性、症状区分等手段，确定鉴别诊断的关键症状和特征，按现行的症状诊断标准，进行鉴别诊断。

（6）咨询方案的制定。咨询方案是心理咨询实施的完整计划，它是心理咨询进入实施阶段时必备的文件。方案的制定，必须按着心理问题的性质、采用的治疗方法、咨询的期限、咨询的步骤、计划中要达到的目的等具体情况来制定。它必须包括：求助者的概况、诊断和鉴别诊断、咨询协议、使用的咨询和治疗方法、咨询的步骤和阶段、阶段性咨询预期目标及评估方法、最终预期目标及评估方法、预后、咨询意外和失败的对策及措施、本方案允许意外修改的可能范围等。

11.2 心理素质概述

心理素质是人的整体素质的组成部分。人的心理素质是在先天素质的基础上，经过后天的环境与教育的影响而逐步形成的。心理素质包括人的认识能力、情绪和情感品质、意志品质、气质和性格等个性品质诸多方面。以往人们总把事业的成败；较单一地归咎智力因素，关注的是IQ（智力商数）值的高低。近来，人们不仅认识到非智力因素的EQ（情绪商数）、AQ（逆境商数）、HQ（健康商数）与人生的质量关系，而且越来越明白社会生活节奏的加快、竞争挑战的激烈、因未来的不确定性所产生的心理压力，都与人的健康心理素质的形成密切相关。心理素质主要包括：

（1）非智力因素。包括人的动机需要、兴趣爱好、信念理想、气质性格、人生观、价值观、世界观等因素。合理的信念追求、积极乐观的人生态度等都是人们心理素质的重要内容。

（2）智力与能力因素。这种因素与非智力因素有着非常重要的关系，其中智力因素主要表现为思维，在观察、注意、想象、记忆的基础上，发挥思维的核心作用。能力因素主要是创造力，在组织能力、定向能力、动手操作能力、适应能力的基础上发挥创造能力的作用，体现一个人的健康心理素质。

（3）心理现状因素。人们在社会生活中，如何自信、自爱、自尊、自律、自强、自立，如何自我评价、自我认识，以达到正确接纳自我；不断取得心理平衡，提高心理承受能力，以达到良好的心理状态。

（4）社会适应因素。任何一个人都有其双重属性，社会属性是人们的重要特征之一。一个人的社会化程度，决定了他的人际关系以及能动地适应社会环境的水平。在此基础上，学习心理、竞争心理、责任心理、角色心理、事业心理都可能有所提高。

判断一个人心理素质的好坏可以从以下几方面进行：① 智力是否正常；② 情绪是否健康；③ 意志是否健康；④ 行为是否统一协调；⑤ 人际关系是否和谐；⑥ 反应是否适度。如一个人符合上述要求，那他的心理素质就好。反之，就差。一个人心理素质的好坏将对他产生重大的影响，甚至决定着他人生的成败。

11.3　影响核电厂员工心理素质的因素

11.3.1　外压力

外压力是指外界环境中存在着不良的应激源，形成一种压力，对人的心理产生影响，它包括生理性、心理性以及社会性的应激源。生理性应激源有工作环境中不适当的温度、湿度、照明、空间和噪音等刺激，长期作用，会导致人生理上难以忍受，并影响到情绪和行为。调查表明，长期高强度的噪音刺激会使大脑皮层兴奋抑制过程失调，条件反射异常，脑血管功能受损，植物神经功能紊乱，产生头痛、耳鸣、心悸、失眠、嗜睡、乏力、智力下降等症状；在工作空间小的环境中，人的侵犯性行为增多，焦虑水平高；室内气温过高，会使人头痛、恶心、多汗、视觉障碍、注意力不集中、烦躁不安、反应迟钝。目前，核电厂的工作环境中存在诸多影响员工心理健康的不良生理性应激源。

心理性应激源中，不良的人际交往是最重要的，人际之间的关系不协调会导致人的心理不平衡，当遭受他人冷落和讥笑时，心理压力加剧，如果对方性格古怪、脾气暴躁、情绪多变，更会使应激源的强度增加。对于核电厂的员工，不良的人际交往同样也是最重要的心理性应激源。

社会性应激源中，社会文化背景的不良或变化过分强烈，会形成巨大的压力，使人难以适应社会环境，产生不良的情绪体验。社会性应激源有很多，如家庭的突然变故、亲人的去世、经济状况的改变、住房迁移、制度变更，等等。核电厂的员工所面临的最重要的社会性应激源是核电行业的快速发展。中国核电行业前所未有的发展速度，使整个核电行业，甚至相关的装备制造业都存在着不同程度的人才短缺现象。核电行业不仅缺技术人才，也缺乏相关的工程管理、金融、财务、商务谈判等方面的人才。套用货币总量的计算方法，人才总量应该等于人才数量乘以人才流动速度。所以，当人才数量难以短时间内增加的情况下，核电厂只好通过加快人才流动的速度来扩大人才总量。核电厂人才流动的强大需求，不仅为核电厂员工带来了选择和机遇，也带来了面对选择和机遇所产生的困惑和迷茫。

11.3.2　内压力

内压力是指人的身心需要未能得到满足，产生了挫折感，形成一种内部压力，影响到情绪和行为。人的身心需要包括很多方面：在生理需要上，需要一定时间的睡眠和休息，需要合理营养，需要适当的运动；在心理需要上，需要一定的安全感和受到保护，需要自尊，需要公正与合理的评价并被他人所接受，需要独立，需要成功。这些身心需要如果长期得不到满足，行为的动机不能实现，会产生强烈的挫折感，内压力加大，最后出现一系列心理问题。核电厂的主控制室是核电厂正常安全运行的“心脏”，操纵员在主控制室的一举一动，直接关系到核电厂的安全运行。操纵员工作责任重和长期倒班的工作性质都是影响操纵员心理健康的内压力。

11.3.3　自我强度

自我强度是指个体应对内外压力的能力，这种能力与人的身心素质有关。由于遗传和环境条件的不同，人的身心素质在个体间差异很大，如躯体健康者能正确感知和判断外界刺激，作出恰当反应；而患病者体质虚弱，精神萎靡，感知与判断力下降，对环境不适应。个性中的气质特征对自我强度有明显影响，如有的人灵活，行动迅速果断，对周围环境刺激敏感，很快作出反应；而另一些人行动迟缓，反应慢，或是注意广度和持久性低，反应强烈，易分心，也难适应环境。另外，性格、能力、兴趣爱好、价值观念等都对自我强度产生影响。核电厂的员工应对内外压力的能力同样存在个体差异。

11.4 心理咨询是核电厂员工心理素质维护的重要途径

员工的主观能动性和综合素质是核电厂安全、可靠、稳定运行的重要保证，而员工的潜能发挥很大程度决定于心态的调整。核电厂员工的工作大多是一些长期承受各种压力的工作，核电行业的迅猛发展和变革及社会上其他不稳定因素都会给员工的心理发展带来强烈的冲击。当自身的生理、心理的发展与外部环境发生冲突时，势必造成员工许多心理上的不适，乃至心理问题、心理障碍。因此，如何提高核电厂员工的健康水平，尤其是心理健康水平，便成为提高全员素质的重要内容，也是核电厂思想政治教育中越来越值得关注的问题。而心理咨询作为一种实践和方法，将以其特有的功能为核电厂员工心理素质维护提供一条切实可行的途径。

心理咨询是指以语言、文字等为媒介，通过建立良好的人际关系，在心理方面给咨询对象以帮助、教育和启迪的过程。在核电厂职业健康管理中，心理咨询主要体现为以下几个功能：心理保健功能、协调与沟通功能、调整与治疗功能。

11.4.1 心理保健功能

心理咨询能够帮助员工唤醒和保持健康的心理状态，从而以良好的心态维持自身勇气以适应社会和迎接各种挑战。

人类完整的心理包括心理过程和个性心理两大方面。而心理状态表现为人的整个心理的暂时状态，它直接制约着心理活动的过程，反映着人的个性心理，并通过人的行为表现出来。具体的心理状态有热情向上、朝气蓬勃、精神振奋、聪颖、宽以待人等积极的一类，也有消极的一类，如犹豫、痛苦、忧郁、萎靡不振、悲观失望。只有积极的心理状态稳定下来，才可以形成人类健康的心理。当前，较繁重的工作任务，诸如加班加点、频繁检查验收、岗位竞聘等很多职业压力以及家庭变故、感情受挫、人际关系紧张、生活无目标等因素，很容易造成企业员工心理失衡，从而在认识上产生偏差，在情绪上波动不稳，在意志上摇摆不定，并进而产生痛苦、忧郁、消沉、不知所措等消极的心理状态，对挫折的承受力和对现实的适应力大大降低。

心理咨询可以运用一定的理论和方法，从完整的心理方面影响员工。如调整认知因素、认知结构，改变认知角度，扩大认知范围，更新认知方法，使员工的认知过程发生变化，进而确保正确的人生观、价值观的确立。通过对情感过程的调节，帮助员工学会渲泄和疏导不良的情绪，减轻由怨恨或不满造成的心理负担，从而控制和约束情绪，保持情绪的成熟和稳定。通过对意志过程的培养，帮助员工挖掘自身潜能，以明确的目的和周密的计划克服各种困难和挫折。心理咨询的手段、方法能够全方位地预防和消除员工消极的心理状态，代之以良好的积极的心态，并进一步稳定为个性心理，从而以健全的人格适应社会，迎接各种挑战。

11.4.2 协调与沟通功能

在核电厂，员工和员工、员工和领导之间，除了八小时的睡眠之外，大部分时间是处在各种人际交往、各种直接和间接的沟通之中。核电厂是有严格管理要求和劳动纪律的，领导和员工之间经常会因为工作分配、临时调动、管理责任落实、奖罚考核等因素产生认识不对等、认可度不够、非公平对待、消极怠工等问题。

心理咨询是一种特殊的人际关系，它遵循着平等性、尊重性、交友性、保密性的原则，坚持共情、尊重理解、积极关注和真诚可信的态度，以技巧性的会谈方式，在咨询者和咨询对象间营造了一种和睦、融洽、情感协调的心理气氛和条件，并且可以在短时间内将这种人际关系达到最为密切的深度。成功的心理咨询会使咨询对象与咨询者在相互信任的关系基础上，最终达到态度和行为上的完全一致和共鸣。心理咨询所达成的咨询者和咨询对象间的这种特殊关系，会给咨询对象带来一种潜移默化的影响，通过咨询过程，员工自觉或不自觉地学会以真诚、信任的态度对待他人，从而减少或消除由于自身原因而导致的猜疑和憎恨，从而进一步促进干群之间的和谐，促进积极健康的人际关系协调发展。

11.4.3 调整与治疗功能

心理咨询以调整人的心理偏差和心理失衡，保障健康心理，塑造良好人格为终极目的。现代心理学表明，人类的行为不单纯受思想、立场、观念的支配，而且也受情感、意志、人格等心理因素的影响。因此，针对员工在工作中表现出来的新情况、新问题，甚至一些异常行为，不能笼统地将其归结为“思想问题”，而应针对具体问题具体分析，科学地分清问题的性质。有调查表明，近年来，员工由于心理危机造成的心理偏差或心理失衡的情况时有发生，例如，由于长时间紧张工作导致的心理压力；环境变异导致的心理不适；婚恋与婚变导致的心理激荡等，这些使员工的“心理挫折感”逐年增强。全国咨询委员会的调查显示：在企业员工中，有焦虑、恐怖、抑郁等心理障碍者占到18%以上。由此可见，心理疾患是影响员工健康的重要因素。针对员工由于心理危机造成的心理偏差和心理失常，必须用心理学的方法来解除，俗话说：“心病还需心药医。”

心理咨询是包括心理治疗在内的广义的教育手段，在这一过程中，心理咨询可以依照相应的理论和方法，帮助有问题的员工进行分析和挖掘，找出引发心理危机的深层次的原因，利用咨询对象强烈的内在愿望和动力，在密切合作的基础上，运用专门技术，消除和缓解已有的心理偏差和症状，改变其异常的行为方式，解决心理问题和心理障碍。

11.5 案例分析

标题：抑郁症的诊断及心理治疗

描述：

抑郁症被心理学家称为人类的“精神感冒”，足见其发病的轻易性和普遍性。据世界卫生组织统计，全球抑郁症发病率约为11%，全球约有3.4亿抑郁症患者。当前抑郁症已经成为世界第四大疾病，预计到2020年可能成为仅次于心脏病的人类第二大疾患，抑郁症将成为21世纪人类的主要杀手。我国抑郁症发病率约为2%～5%，由于得不到及时、专业的治疗，抑郁症病的复发率高达85%，抑郁症病人自杀率高达15%！25～50岁的中青年人群是抑郁症的主要发病人群，占门诊量的80%，易患人群是社会发展的主要支持力量。抑郁症也会给核电厂员工带来同样的危害。核电厂应重视抑郁症的危害，及早发现和及早预防抑郁症的发生，保护员工的心理健康。同时，核电厂还应提高对抑郁症的关注度，对抑郁症患者及时采取有效措施，让他们得到及时专业的治疗。

反思和分析：

了解掌握抑郁症的一般症状和诊断标准是抑郁症早期诊断、鉴别和治疗的重要基础。

1. 中国的诊断标准

其实，国内普遍使用的标准与美国的大同小异。按照国内的诊断标准，在连续两周的时间里，病人表现出下列九个症状中的五个以上，并且至少包括症状(1)和(2)中的一个(这些症状必须是病人以前没有的，或者极轻的)，就可诊断为抑郁症。

(1) 每天的大部分时间心情抑郁，或者是由病人自我报告(例如，感到伤心，心里空空的)，或者是通过旁人的观察(例如，暗暗流泪)。

(2) 在每天大部分时间，对所有或者大多数平时感兴趣的活动失去了兴趣。或者通过病人自我报告，或者通过旁人的观察。

(3) 体重显著减少或增加(正常体重的5%)，食欲显著降低或增加。

(4) 每天失眠或者睡眠过多。

(5) 每天精神运动亢进或减少(不只是自我主观感觉到的坐立不安或者不想动，旁人都可以观察得到)。

(6) 每天感到疲劳，缺乏精力。

(7) 每天感到自己没有价值，或者自罪自贬(可能出现妄想)。这不仅是普通的自责，或只是对自己的抑郁感到丢脸。

(8) 每天注意力和思考能力下降，做决定时犹豫不决(自我报告或者是旁人的观察)。

(9) 常常想到死(不只是惧怕死亡)，或者常常有自杀的念头但没有具体的计划，或者是有自杀的具体计划，甚至有自杀行为。

2. 抑郁症的诊断

抑郁症是人们了解较早的一种疾病。但人们往往羞于承认自己患有精神疾病而对此病不予重视。其实，在正规的精神病专科医院，医生通过检查和问诊能很快确诊抑郁症。目前也有许多有效的药物治疗抑郁症。绝大多数患者经过治疗，病情都可得到改善。抑郁症主要改变人的情绪，不影响人的智力及身体发育。所以，已患抑郁症的患者完全可以放心，只要积极治疗，完全可以正常地生活工作。

(1) 抑郁症的三大主要症状——判断抑郁症的标准。很多人对抑郁症不陌生，但抑郁症与一般的不高兴有着本质区别，它有明显的特征，综合起来有三大主要症状，就是情绪低落、思维迟缓和运动抑制。① 情绪低落就是高兴不起来、总是忧愁伤感，甚至悲观绝望。② 思维迟缓就是自觉脑子不好使，记不住事，思考问题困难。患者觉得脑子空空，变笨了。③ 运动抑制就是不爱活动，浑身发懒，走路缓慢，言语少等。严重的可能不吃不动，生活不能自理。

(2) 抑郁症的其他症状 ——抑郁症表现多种多样。具备以上典型症状的患者并不多见，很多患者只具备其中的一点或两点，严重程度也因人而异。心情压抑、焦虑、兴趣丧失、精力不足、悲观失望、自我评价过低等，都是抑郁症的常见症状，有时很难与一般的短时间的心情不好区分开来。这里向大家介绍一个简便的方法：如果上述的不适早晨起来严重，下午或晚上有部分缓解，那么，你患抑郁症的可能性就比较大了。这就是抑郁症所谓昼重夜轻的节律变化。

(3) 抑郁症的躯体症状——最容易造成误诊的症状。躯体症状是相对精神症状而言，就是身体感到不适。抑郁症虽说是精神疾病，但很多病人都有身体不适感，如口干、便秘、食欲减退、消化不良、心悸、气短胸闷等。这些患者往往就诊于综合医院的一般门诊，各项化验检查显示正常。如果感到身体不适，又查不到其他器质性疾病，建议到专科医院就诊，也许精神科医生会帮助你尽快恢复健康。

(4) 抑郁症导致的自杀——最危险的症状。抑郁症患者由于情绪低落、悲观厌世，严重时很容易产生自杀念头。并且，由于患者思维逻辑基本正常，实施自杀的成功率也较高。自杀是抑郁症最危险的症状之一。据研究，抑郁症患者的自杀率比一般人群高 20 倍。社会自杀人群中可能有一半以上是抑郁症患者。有些不明原因的自杀者可能生前已患有严重的抑郁症，只不过没被及时发现罢了。由于自杀是在疾病发展到一定的严重程度时才发生的。所以及早发现疾病，及早治疗，对抑郁症患者非常重要。不要等患者已经自杀了，才想到他可能患了抑郁症。

3.抑郁症的治疗

目前有多种方法可以治疗抑郁症，究竟哪种方法对病人最好，需要考虑到个体差异的重要性。抑郁症的治疗方法包括：

(1) 心理治疗。消除患者的各种顾虑，如详细说明本病的性质及良好的预后，指出令人乐观的前景，帮助患者树立治疗的信心；帮助患者客观、辩证地看待各种困难和挫折，指明克服困难和挫折的可采用办法；引导患者正确、客观地评价自已，多看自己的优点及有利条件，减少悲观、自卑情绪；医生以同情的态度，热情、诚恳地与患者建立友善关系，及时给予心理上的支持。

(2) 社会治疗。动员社会力量解除患者的心理压力，帮助患者摆脱心理困境。如由心理医生找有关领导、家庭成员、同事或朋友谈话，改变对患者的不正确看法，各方面关心支持患者；必要时改变患者的工作、学习环境，可以收到奇迹般的疗效。

(3) 药物治疗。用药应在医生指导下进行。

(4) 运动治疗。坚持每天运动，如散步、早操、打太极拳、慢跑等，时间为 20～30 分钟。

精神科临床对抑郁症的处理越来越趋于药物与心理治疗的综合应用，合用不仅可以减轻或缓解病人的症状，而且可以提高病人的心理社会适应功能水平，改善其生命质量，是最具成本一效果干预的方式之一，有必要得到重视和推广应用。常见的行之有效的抑郁症心理治疗方法有一般性的心理治疗、认知行为治疗、支持性心理治疗、人际心理治疗、心理音乐治疗等。

复习思考题

1. 心理咨询的对象和任务是什么?
2. 在核电厂职业健康管理中,心理咨询主要体现了哪几个方面的功能?

第十二章　核电厂重大事故的心理救援

12.1　心理救援的概念和意义

心理救援也称危机干预，是指对处于心理危机状态的个体、家庭及群体采取的明确有效的心理救助措施。常见于对受暴力或事故伤害、事业与感情受挫折者进行的专门心理咨询和心理治疗、劝导与鼓励，特别是指对经受重大灾难者给予的物质和精神上的帮助、慰问等。心理救援具有疏通思想、救人于危难的性质，也是人文关怀的必然体现，同时也是社会应承担的责任。

任何一起伤亡事故对于受害者都是灾难，无论是工业安全事故，还是与地震、大火、洪水和核事故一样的灾难，人们在面临这种情境时不可避免地会产生十分强烈的心理恐慌及强烈的应激反应。其中，很多人会发生行为的紊乱，导致灾难的扩大、伤亡的增加，而灾后还会有相当比例的受害者和亲历者留下难以自愈的身心创伤，甚至产生心理和行为障碍，影响到其日后的工作与生活及社会和企业的安定，甚至有的人还会由于心理和行为的不稳定导致“祸不单行”，再次发生事故。所以，心里救援工作不但是人文关怀的必然需要，而且对事故预防、社会和谐安定也具有重要意义。

12.2　创伤性事件的心理反应过程

人的感情丰富而细腻，生活中任何事情都可能影响人们的精神状态，这个过程称为应激，影响人们精神状态的事件称为应激源。应激源作用于人体，可以引起机体的心身紧张状态，产生一系列非特异性的心理、生理反应。这些心理、生理反应在一定程度上是机体主动适应环境变化的需要，它能够唤起和发挥机体的潜能，增强抵御和抗病能力。但是，如果反应过于强烈而持久，超过了机体自身的调节和控制能力，就会导致心理生理功能方面的紊乱，出现心理症状。应激因素多种多样。灾难又称创伤性事件，对人们来说是突发的，给人以强烈的心理刺激。这种刺激远远超出个人和团体的应付能力，不仅造成身体伤害，还会导致精神上的创伤。

灾难有不同的类型，可分为三类：人为灾难、自然灾难，以及暴力、犯罪或恐怖主义，人为灾难指的是创伤有人的错误或人所设计的机器或系统的错误造成，环境灾难（核事故、核泄漏）就是人为灾难。人在创伤性事件出现时，会出现“惊吓—否认—侵入—不断纠正—结束”这样一个典型的心理反应过程，这是正常的应对反应，只有反应过于强烈时才属于病理性的。临床上最常见的是否认和侵入两个时相，其余的时相可以不出现或不明显。重大天灾人祸面前，人们首先表现出来的是不知所措，惊恐否认事实的发生。“否认”是人们面临挫折、灾难、死亡等应激事件时最常用的一种心理防御机制，将已经存在或发生的事情，从心理上加以否定，以减轻心理上的痛苦和焦虑感。“否认作用”是人类最原始、最简单的心理防御机制，只是使我们否定了对这些问题的注意力而已，用躲避问题代替面对问题，实际上妨碍了人对问题的适应性，因而是一种不成熟的心理防御机制。攻击是挫折行为反应的另一种形式。社会心理学家认为，挫折可以引起被侵犯感，被侵犯感导致侵犯行为。侵犯行为可能由于不能直接施加于报复对象上，而转向其他替代物，即采取所谓找“替罪羊”的形式，来发泄心中的愤恨。侵入是应激事件的直接或间接再现，包括有关应激事件的梦，反复的自发印象或由其他事件而派生的吃惊反应。应对成功就能进入“结束”时相，否则就转入病态。

12.3 心理救援的一般步骤

心理救援的一般步骤是：在危机发生的最初阶段，提供情感支持，以缓解紧张情绪；然后指导其根据实际情况寻求可能的帮助；进而通过心理辅导帮助受害者分析危机情境，指导其学习新的认知方法和应对方式，有效地处理危机事件；最后达到提高心理适应能力、重建社会生活的目标，以最终战胜困难。

12.4 事故创伤发生后的一般干预原则

根据已有的研究和实践，事故创伤发生后的干预一般应遵循以下原则：

(1) 总体原则。① 在事故发生后，首先应该做的是在身体创伤方面进行积极抢救与治疗；在心理创伤方面首要的是提供情感支持，以缓解紧张情绪为目标，使受害者感到周围有人在帮助他们，不使他们产生孤独无助的感觉。② 在干预工作中，应该让人们了解到，有些反应是正常的创伤后应激反应，并不意味着脆弱或无能，这样或许有利于较少回避状态，恢复心理平衡。③ 心理和行为障碍患者在经受严重心理创伤后，常会变得意志消沉，对生活失去兴趣。此时，应重点帮助他们重新树立生活勇气，指导其学习新的认知方法和应对方法，明确立足现实的生活目标，重建“新的世界”。

(2) 重在物质与精神支持，促进心理康复。有研究表明，心理创伤事件的强度并不是心理和行为障碍发生的决定性因素，事件发生后物质和精神支柱的强度不够，生活事件和继发性不利处境等才是主要的患病因素。细致的物质上的照顾和感情上的支持，是减少心理和行为障碍发生及提高预后效果的重要方法。

(3) 防止因组织行为的过度反应导致“祸不单行”。在发生事故后首先要做好心理干预工作，防止加剧恐惧情绪造成过度应激再次发生事故。

(4) 积极开展心理治疗工作。心理治疗是对心理和行为障碍者的主要疗法，常用的方法有认知治疗、行为治疗(松弛疗法、暗示疗法、催眠疗法、生物反馈)、精神分析疗法和集体心理治疗等。对于遭受事故创伤而又患上创伤后应激障碍、恐怖性神经症和事故伤残者遗留的心理和行为损害，都应进行心理治疗。

12.5 案例分析

标题：切尔诺贝利核事故后白俄罗斯居民的心理状态及心理康复计划

描述：

1986 年，苏联境内的切尔诺贝利核电站发生重大事故，造成了大量放射性物质的释放，其中受污染最严重的是白俄罗斯共和国。全国 1/5 的居民 20％的土地受到放射性污染，含有放射性碘的尘云终日笼罩在白俄罗斯国家的上空。据报道，核事故发生时的放射性粉尘 70％飘落在白俄罗斯境内，白俄罗斯大部分公民受到了不同程度的核辐射，6000 km^2 土地无法使用，400 多个居民点成为无人区，政府不得不关闭了 600 多所学校、300 多个企业以及 54 个大型农业联合体。白俄罗斯 16 个州受到污染，其中，受污染最严重的是距离核事故现场最近的戈梅里和马吉廖夫州的居民。在事故后的几年中，许多学者对白俄罗斯居民的心理状态进行了调查研究。

反思和分析：

心理学家不只一次地指出，过早衰老与身体素质的降低，并非都是由于生理或病理因素而引起的，实际上不良的心理因素对健康与寿命有很大的危害。紧张、压抑、烦恼等不良心理状态，会引起血压升高、心律不齐，诱发或加重心脏病。良好的心理状态能保障机体与外界及人体内部相适应的高级功能，这反映在复杂的心身和身心的相互关系上。在辐射环境中也反映出该问题的复杂性，大剂量辐射能直接损伤大脑，一定剂量的辐射可能引起免疫、神经、内分泌等系统的改变，因而出现继发性心理紊乱。反之，可能由于心理紊乱、精神紧张、恐惧等而出现对外界的反应性失调，结果引起疾病。或是由于心理作用使内源性心理疾病开始显现。总之，心理状态与人体健康的关系是不容忽视的。

1. 事故后白俄罗斯居民的心理状态

切尔诺贝利核事故以后，由于白俄罗斯受放射性核素污染的面积大，涉及的人群广泛，事故后几年内不断有居民被迫迁居。白俄罗斯若干学者对事故后居民的心理状态进行了评价，探讨了心理紊乱的病理形态，研究了成人和儿童心理反应的种种类型。

事故后，不同程度污染区的居民主诉有下列症状的人很多：头疼、眩晕、失眠、精神难以集中、记忆力减退等。为客观评价，采用精神分裂症的指标对戈梅利州的 4 个污染区和 2 个对照区的居民进行了调查，调查中还特别注意精神分裂症首次发病症状及该病患者入院时的病情。同时对污染区和对照区进行了事故前(1981 年 5 月—1986 年 4 月)与事故后(1986 年 5 月—1991 年 4 月)期间的比较。比较精神分裂症发病率的结果表明，不论是污染区还是对照区，事故前后该发病率无明显差别。在长期患病者中，病人入院时的病情程度、住院时间及住院人数，污染区和对照区均大致一样。但发现，事故后污染区内精神分裂症首次发病时的心理紊乱程度比事故前更为明显，这主要是首次发病伴有幻觉妄想狂综合症状的增加所造成的。这一差别可能归因于社会心理压力对症状学性质的影响。时间再往后推移，对成人的抽样观察表明，只有 5.3％的人没有任何心理不适应症状。由于长时间处于精神紧张、心情忧虑的状态，可促使引发机体的病理变化，比如脑电图异常、血压升高等，患者人数大量增加。

儿童精神病学家注意到，主诉有乏力、头痛、情绪变化、食欲降低等症状的儿童人数明显增加。学校教师指出，小学生心不在焉，对学习失去兴趣。为客观表示儿童的心理状态，采用实验心理学方法及与儿童临床交谈等，对污染区和对照区的 12～15 岁的儿童进行了观察，戈梅利州霍尼克市的 123 名儿童作为观察组，对照组为布列斯特州热宾卡市的 229 名儿童。观察结果表明，两组中伴有情绪低落、积极性降低、惊惶不安程度增高的人数大约各占一半，霍尼克市的占 38.4 %，热宾卡市的占 43.1%。看来，这是整个国家的社会压力的反映，与居住地的放射性污染无关。目前尚没有证据表明小剂量辐射直接影响人们的心理状态。

观察中还发现，女孩比男孩情绪更易激动，在经常讨论辐射后果问题的医生和教师的家庭里，儿童的心理症状表现得更明显。看来，在事故后被污染区所有年龄组的居民中，精神紧张对亚临床水平的心理不适应症及边缘性神经心理失调起着主要的作用。对霍尼克市儿童进行了综合性心理治疗，收到很好的疗效，再次说明心理作用的重要性。还应强调指出，在长期精神紧张的情况下，功能性紊乱可导致机体实质性变化，使得原有的大脑缺陷代偿机能减退，也可抑制免疫系统，而引发疾病。因此，随着时间的推移，只采用单纯的心理疗法远远不够，应根据具体情况采用综合性治疗。

还有一点要提及的，是关于不得不迁居的人们，实际上迁居的本身就是一个很强的机体应激因子：对新居住地的不习惯，起居饮食带来的不便，邻里环境的生疏，儿童迁居而父母不得不留下工作等，都会给迁居者的心理造成不同程度的压力，因而有害于身心健康。

总之，核事故后，应正确分析评价辐射对环境、健康的影响，不能将所有的健康效应都归因于辐射的直接作用。如上所述，各种心理作用、迁居结果等也都对健康有影响。另外，事故后儿童生活条件的改变、饮食性质的改变，例如被迫长时间留在室内，禁食许多天然源的食物而导致维生素缺乏等，都会给儿童的健康带来不良影响。因此，确切地说，切尔诺贝利核事故后，被污染区居民健康的种种反应，是放射生物学、生态学及社会心理学等因素综合影响的结果。

2. 联合国教科文组织的援助与研究计划

1990 年 2 月，白俄罗斯苏维埃社会主义共和国、乌克兰苏维埃社会主义共和国以及苏维埃社会主义共和国联盟向世界各国政府和国际组织郑重发出呼吁，请求国际社会帮助他们克服切尔诺贝利灾难所造成的后果。联合国教科文组织是最早响应呼吁，并采取迅速、具体行动给予当地居民以社会和心理援助的众多联合国机构中的一员，同时它还在力所能及的领域内着手准备了一个中长期计划。联合国教科文组织切尔诺贝利计划的框架，是在与各相关共和国的主要部门、科学及慈善机构和较大的非政府组织举行的磋商之后于 1991 年夏季制定的。为了适应各共和国及俄罗斯联邦的总需要而制定了 60 多项补充性项目。该计划的文本曾于 1990 年间讨论过，1991 年 1 月得到签署。

除了核安全、放射性废料的处理及这场灾难的医学方面的问题外，极大地破坏居民日常生活及整个地区未来的则是其生态、人类、社会与经济方面的后果。正是在这点上，联合国教科文组织决定在其力所能及的领域内有所作为。联合国教科文组织的切尔诺贝计划都取得了令人印象深刻的成果。其中包括一个国际心理康复中心和 5 个地区性心理康复中心。

(1) 在基辅成立一个国际心理康复中心。该中心的作用不仅是培训乌克兰的心理学家，还要培训白俄罗斯和俄罗斯的心理学家，不论这些人是人口研究领域的研究人员、学者还是专职咨询人员。该中心将由基辅心理学研究所主办成立。

(2) 在受灾区中创建 5 个地区性心理康复中心。分别在乌克兰、白俄罗斯和俄罗斯境内建立 5 个社区心理康复中心，这涉及很多居民的参与。

切尔诺贝利核事故是世界上迄今为止核电站发展史上最严重的一次事故，受到伤害及影响的人数之多，造成的损失之大，都是前所未有的，对社会、心理的不良影响难以估计。心理的病痛比生理的伤痛危害更大。巨大的灾难一下子把人推向了绝境，很少有人有应付灾难的足够力量。在死亡、损伤、失去面前，抚平人们心灵创伤的最好办法就是心理救援。

复习思考题

1. 举例说明心理救援的重要意义。
2. 事故创伤发生后的一般干预原则有哪些？

第十三章　核电厂安全心理学实验简介

13.1　心理实验概述

心理学实验是对心理现象进行定量分析的重要手段，是安全心理学的重要组成部分。心理实验是指在严密控制的条件下，有组织地逐次变化条件，根据观察，记录、测定与此相伴随的心理现象的变化，确定条件与心理现象之间关系的过程。心理学研究采用实验的方法，优点很多。自然环境和调查的事实，由于条件不被控制，只能臆测行为是由什么条件所决定的，最多也只能搞清楚条件与行为之间是存在共变关系还是存在相关关系。在严密控制的条件下，控制条件的实验方法，能够探明条件和现象间的因果关系和功能性关系，对某行为为什么产生，或某心理现象为什么会出现的问题，能给予科学的解释。

心理学作为一门科学，不但要研究和解释各种心理现象，还要概括地揭露它们的本质，即确定一定的规律性。在这些规律性的基础上，阐明心理现象和过程的原因，预见它们未来的出现。心理学的研究通常分为两个阶段。第一阶段是探明所研究的行为产生的条件是什么，第二阶段是探明那些条件和行为的函数关系。与这两个阶段相对应，可以把实验分为两种类型：第一种类型是因素型实验，它是主要探索所研究的行为（心理现象）产生的条件是什么的“什么型”实验，即探明所要研究的行为产生的主要因素；第二种类型的实验是函数型实验，是研究各种条件“怎样”地影响行为（心理现象）的“怎样型”实验，即研究条件和行为之间的函数关系。心理实验研究包括研究问题的提出和假设的确立；被试的选定；实验的控制和实验结果的分析和综合四个程序。

13.2　心理实验方法简介

13.2.1　传统的心理物理学方法

传统的心理物理方法，主要是用于对感觉阈限（也称阈值，感觉是物理刺激作用于感官的结果，一定的刺激作用于感官就引起一定的反应；阈限是把引起一种反应的刺激与引起另一种反应的刺激区分开来的界限）的测定。这些方法对科学心理学的发展起到重要的作用。长期以来，人们对感觉是否能进行测量的问题，进行了激烈的争论。但现实生活和工程技术领域中常常遇到这样一些问题，这个菜要比那个菜咸些或淡些，这个飞机发动机的噪声要比那个飞机响些等，这些感觉上的差别是客观存在的。与这些感觉的差别相对应的物理刺激是盐的浓度、声波振幅的大小等也都有一定物理量上的差别。能否找到引起某一感觉的最小的刺激量，是很有实际意义的事情。可见，心理物理学方法是研究和揭露主观如何反映客观存在的一种手段。心理物理方法具体又包括极限法、平均差误法和恒定刺激法。

13.2.2 适应性方法

随着心理实验中计算机的应用，以及心理实验的发展，一些新的心理物理方法应运而生，心理物理学理论与方法也随之发展。20 世纪 60 年代以后，计算机作为心理物理实验中的一种控制仪器、记录反应的设备逐渐普及，给心理实验带来了很多方便，使呈现刺激的仪器及记录反应、数据处理等都能做到自动化，使原来手工操作不可能的或难于进行的一些实验成为可能。电子计算机的广泛应用，要求实验者提供一些新的实验方法以适应计算机的要求，这种情况下，一些适应性方法便产生了。由于在测定感受性的心理物理实验中广泛使用这一方法，因此，用这一方法所获得的结果就构成心理物理学的主要内容。适应性方法不是凭空产生的，它是在传统心理物理学方法的基础上进一步发展而形成的。适应性方法具体又包括阶梯法和系列试验的参数评定法。

13.2.3 信号检测论方法

信号检测论原是信息论的一个分支，研究的对象是信息传输系统中信号的接收部分。这个理论自 1954 年引进到心理学实验中以来，在对感受性的测量上获得了成功。至今已形成了一些基本方法，如有无法、评价法及迫选法等。它不仅在感受性的测量上，而且在记忆等研究中也起到了作用。信号检测论方法应用于心理物理实验是对传统的心理物理学方法的重大突破，对心理科学的发展起到了一定的推动作用。

13.2.4 心理物理量表法——阈上感知的测量

对阈上感知觉进行度量，就是依据一定的规则，将感知觉以及某些心理特质，用一定的数字符号来表示，对心理特质的度量，同对物理特质的度量十分相似。关于物理量尺，经过长期实践及人类的努力，至今已相当完善。而心理量尺尚在进一步确定和完善之中，它随着人类对自身认识的深化，会大大向前发展。对阈限以上每一种感觉的全部范围如何来度量，即反应倾向如何建立，这就是量表(或称量尺)的问题。对心理量进行度量并制成量表，探讨心理量与物理量之间的关系，在理论上和实践上都具有非常重要的意义。

13.2.5 反应时法

反应时间又称反应时，是一个专有名词，指刺激作用于有机体后到明显的反应开始时所需要的时间，即刺激与反应之间的时间间隔。反应时间是一种反应变量，它可以作为成就的指标及内部过程复杂程度的指标。对一件工作越熟悉，反应时间就越短；内部过程越复杂，反应时间就越长。反应时间随多种原因而变化，因此它可以作为一个很方便的反应变量来运用。由于这些原因，反应时的研究就在实验心理学的研究中占有很重要的地位。

13.2.6 听觉实验

从感觉是认知过程的开始这一角度而言，听觉是人类获得外界信息的一个重要渠道，是关于世界一切知识的一个重要源泉。心理学中关于听觉的研究已积累了很多资料。听觉实验是心理学实验的重要方面。如何获得听觉刺激，如何对其进行控制和测量，就是听觉实验所要解决的问题。

13.2.7 视感觉和颜色视觉实验

视觉是人类获得外界信息的一个重要渠道。据统计，信息总量的 70%～80%是通过视觉获得的，可见视觉在人类认识客观世界中的重要性。因此，关于视觉的研究受到了各个学科的重视，先是物理学，继而是生物学、化学、心理学，都对视觉产生很大兴趣。长期以来，由于多学科学者的努力，关于视觉的研究已积累了很多资料，取得很多重要成果。视感觉实验是心理学实验的重要组成部分。

自然世界，五彩缤纷，给人以美的享受。人类能看到各种颜色，是视觉器官工作的结果。颜色视觉的研究对安全具有很大的实践意义。大自然中的五光十色给人以美的享受，而配合协调的颜色还给人以愉快和振奋的感觉。颜色视觉实验就是研究颜色视觉与心理现象的关系。

13.2.8 形状知觉(图形识别)实验

知觉是对事物的各种属性、各个部分及其相互关系的综合的、整体的反映，它与感觉只是对外界事物的个别属性的反映有很大区别。这就决定了知觉的发生必须依赖于过去的知识和经验，受人的各种特点的制约，是多种分析器联合活动及人脑的复杂分析综合活动的产物。知觉按不同的分类标志，可分为不同类型的知觉。长期以来，心理学家大多应用发生简单的感觉之后的某种精细加工来解释对形状的认识，因此一般不说形状感觉而说成形状知觉。

13.2.9 学习与记忆实验

学习与记忆实验的领域非常广泛，它包括人类学习和动物学习，也包括语言学习和动作学习。学习和记忆的实验研究在理论上对于探讨认识过程及其活动的规律性，特别对探讨记忆和思维的机制方面有重要意义。在实践上，对于教育、训练以及被认为是再教育的心理治疗(行为矫正)及电子计算机模拟技术方面，更具重大意义。由于学习与记忆研究十分重要，并有大量的实验课题可供研究，因此，学习和记忆的实验研究就成为心理实验中最活跃而又最富成效的领域之一，近年来积累了大量的资料，并提出了一些新的实验研究方法。学习实验包括条件性学习实验、认识性学习实验、文字学习实验。

13.3 常用心理实验仪器

13.3.1 闪光融合频率仪

又称亮点闪烁仪。该仪器可以测量闪光融合频率(CFF)，确定辨别闪光的能力水平(空间视敏度)，还可以检验闪光的颜色、强度、亮黑比及背景光强度变化对闪光融合临界频率的影响，也可以研究视觉疲劳、神经和肌肉疲劳、缺氧症、药物效应、觉醒状态和观察者某些个体差异的生理机能指标。

13.3.2 视野计

是一种用于测定眼睛在不动的瞬间所能看到的空间范围的仪器。利用视野仪可检查被测者的视野大小及视野范围内不同颜色的区域。即确定各种色彩视野的范围。视野计同时可以测定视野范围内盲点的位置。

13.3.3 暗适应仪

又称夜间视力检查仪。可用于检查人眼的快速暗适应能力,视网膜光感绝对阈值的确定,炫光照眼后暗适应恢复时间的测定,夜间视力的检查等。

13.3.4 深度知觉仪

又称霍瓦—多尔曼深度知觉仪,是测定深度知觉准确性的仪器。深度知觉仪可测定人的深度视觉,比较双眼和单眼在辨别深度中的差别。

13.3.5 动作稳定测量器

主要用于测量简单动作的稳定性,以及检验情感对动作稳定的影响。可用于要求手臂动作稳定的有关职业人员的选拔测试。

13.3.6 注意集中能力测定仪

又称追踪仪。是测定注意集中能力的基本仪器之一。注意是人们在一定时间内对某种特定对象的指向和集中。在多数情况下需要排除外界刺激的干扰,借助于自己的意志努力使注意力较长时间集中于某种特定的对象上。可是由于特定对象的不同,所受干扰的类别和程度各异,致使每个人的注意集中能力存在着个别差异。因此,一些职业选拔注意力集中、抗外界干扰能力强的人员,就显得十分必要。借助该仪器可快而准确地达到此目的。

13.3.7 划销测验仪

又称注意稳定性测试仪、销零自动记录仪。它将划销测验采用电子手段实现仪器化,用以测定注意的稳定性、灵活性。是研究注意品质的适用实验仪器,也是选拔某种职业人员的较好仪器。注意稳定性是注意在时间上的特征,是指在一定的事物上注意集中所持续的时间。这一注意品质是很多职业所需要的,因此,对注意稳定性进行测试、研究很有必要。

13.3.8 学习迁移记忆广度仪

本仪器是为了测定数字的记忆广度和进行学习迁移实验设计的,仪器由记忆广度测试仪、学习迁移测试仪和计时器三部分组成。

13.3.9 时间知觉测量仪

该测量仪用于时间知觉实验,它可用来检查各种因素对时间知觉的影响,检查刺激不同方式对估计时间的影响,检查自我估计在估计时间中的作用。本仪器还可以代替定时装置。有些特殊的职业对时间知觉的准确性要求较高,因此,这方面的选拔和培训就显得很重要。

13.3.10 速示器

这是一种短时呈现视觉刺激的仪器。在知觉、记忆和学习等方面的研究中，经常要用适当的仪器把视觉刺激呈现给被试者，以记录他们的反应。

13.3.11 其他仪器

除上面介绍的仪器外，心理实验常用的仪器还包括：长度与面积估计器、变速色轮、明度辨别仪、照度计与亮度计、大小常性估计器、缪勒错觉仪、棒框仪、动景盘与似动仪、精密声级计、听觉实验仪与听力计、反应时测定仪、手指灵活性测试仪、动觉方位辨别仪、两点阈量规、数字镜面仪、双手调节器和记忆仪等。

复习思考题

1. 心理实验的概念及研究程序是什么？

2. 列举三种心理实验方法，并说明这三种心理实验可能涉及的心理实验仪器。

参 考 文 献

[1] 邵辉等．安全心理学[M]．北京：化学工业出版社，2004
[2] 何旭洪等．核电厂操纵员职业适应性研究[J]．原子能科学技术，2006，40(3)
[3] 周华云．核电厂操纵员的心理健康与事故预防[J]．核安全，2004(2)
[4] 栗继祖．安全心理学[M]．北京：中国劳动社会保障出版社，2007
[5] 景怀斌．自我心理保健若干问题研究[J]．广东社会科学，1998(4)
[6] 陈士俊．安全心理学[M]．天津：天津大学出版社，1999